高等职业教育"十二五"规划教材

AutoCAD 2012 基础与 室内设计应用教程

主　编　赵小明　容　会
副主编　李　娜

U0248240

中国铁道出版社
CHINA RAILWAY PUBLISHING HOUSE

内 容 简 介

全书共分十二章，分别为认识软件、绘图准备、基本图形绘制、基本图形编辑、图形填充和图块、图层、标注及表格、图形输出、AutoCAD 室内设计装饰图实例、室内设计表现制作工具简介、3Ds Max 实例以及室内设计简介。

本书适合作为高职高专院校计算机辅助绘图设计课程教材，也可作为室内设计等相关行业的设计人员、工程绘图人员学习计算机绘图的参考书。

图书在版编目（CIP）数据

AutoCAD 2012 基础与室内设计应用教程/赵小明，容会主编. —北京：中国铁道出版社，2013.9

高等职业教育"十二五"规划教材

ISBN 978-7-113-17222-0

Ⅰ. ①A… Ⅱ. ①赵… ②容… Ⅲ. ①室内装饰设计 – 计算机辅助设计 – AutoCAD 软件 – 高等职业教育 – 教材

Ⅳ. ①TU238 – 39

中国版本图书馆 CIP 数据核字（2013）第 200804 号

书　　名：**AutoCAD 2012 基础与室内设计应用教程**

作　　者：赵小明　容　会　主编

策　　划：潘星泉　　　　　　　　　　　读者热线：400 – 668 – 0820

责任编辑：潘星泉

封面设计：路　瑶

封面制作：白　雪

责任印制：李　佳

出版发行：中国铁道出版社（100054，北京市西城区右安门西街 8 号）

网　　址：http://www.51eds.com

印　　刷：北京市昌平开拓印刷厂

版　　次：2013 年 9 月第 1 版　　　　2013 年 9 月第 1 次印刷

开　　本：787 mm×1 096 mm　1/16　印张：7.25　字数：171 千

书　　号：ISBN 978-7-113-17222-0

定　　价：16.00 元

前 言

Auto desk 有限公司（欧特克）是制造业、工程建设行业、地理空间业与传媒娱乐业在二维、三维数字化设计软件的世界领导者。公司于 1982 年推出的 AutoCAD 是其扛鼎之作，广泛应用于建筑工程、装饰设计、环境艺术设计、水电工程、土木施工、精密零件、模具、设备服装制版、印刷电路板设计等领域。

目前，AutoCAD 已成为工程设计领域应用最为广泛的计算机辅助设计软件之一。国内工程设计软件公司对 AutoCAD 进行了二次开发，取得了很好的成效。如中望 CAD 在建筑设计及施工图中得到了广泛使用。AutoCAD 历经 AutoCAD 2004、AutoCAD 2006、AutoCAD 2008、AutoCAD 2010、AutoCAD 2012 等版本功能的完善、修订及技术革新，使得 AutoCAD 2012 更具市场优势和吸引力。

本书共分 11 章。第 1 章～第 8 章为 AutoCAD 基础知识；第 9 章为 AutoCAD 在室内设计中的应用；第 10 章为室内设计表现制作工具的介绍及实例讲解，包括 3Ds Max、Sketchup 等；第 11 章为室内设计简介，作为本书的选读部分，供读者学习。本书忽略了一些不实用的命令或工具。重点关注的范围在于室内设计及软件延伸应用领域，并进行实例讲述，结合高职院校学生的特点，力求实用有效。

本书由云南机电职业技术学院赵小明、昆明冶金高等专科学校容会担任主编，由河北能源职业技术学院李娜担任副主编。具体分工如下：赵小明编写第 9 章～第 11 章，容会编写第 1 章～第 5 章，李娜编写第 6 章～第 8 章，附录由赵小明编写，全书由赵小明统稿。

由于时间仓促，加之作者水平有限，书中疏漏错误之处在所难免，敬请读者朋友批评指正。

编　者
2013 年 6 月

目　录

第1章 认识软件

1.1 初识 AutoCAD 2012

AutoCAD 自 1982 年问世以来，从 1.2 版本至今天的 2012 版本，已经进行了近 20 多次的升级，从而使其功能逐渐强大，且日趋完善。

现在，AutoCAD 已广泛应用于机械、建筑、电子、航天、造船、石油化工、土木工程、冶金、农业、气象、纺织、轻工业等领域。在中国，AutoCAD 已成为工程设计领域中应用最为广泛的计算机辅助设计软件之一。

1.2 安装与删除 AutoCAD 2012

1.2.1 安装操作步骤

将 AutoCAD 2012 安装软件以光盘或文件形式提供，找到文件名为 SETUP. EXE 的安装文件并运行文件，根据安装窗口信息，进行选择、操作，直至安装完成。具体步骤如下所述。

第一步：单击安装文件 SETUP. EXE，进入安装界面，如图 1-1 所示。

图 1-1　AutoCAD 2012 安装

第二步：接受许可协议，然后，单击"下一步"按钮，如图1-2所示。

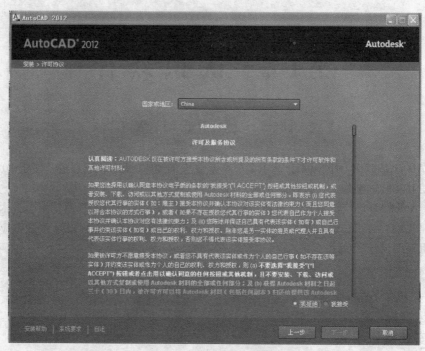

图1-2　接受许可协议

第三步："许可类型"选择"单机"单选按钮，在产品信息中输入序列号和产品密钥，序列号和产品密钥可登陆欧特克学生联盟网站申请。然后，单击"下一步"按钮，如图1-3所示。

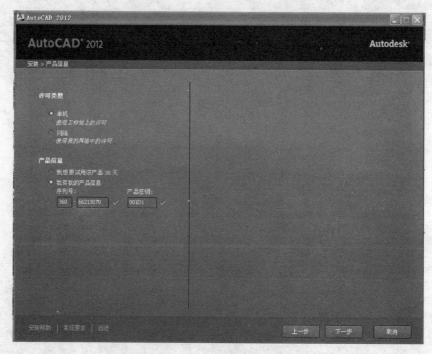

图1-3　输入序列号及产品密匙

第四步：勾选 AutoCAD 2012，进行安装，如图 1-4 和图 1-5 所示。

图 1-4 选择安装项目

图 1-5 安装进行

第五步：安装完成，AutoCAD 2012 启动界面如图 1-6 所示。

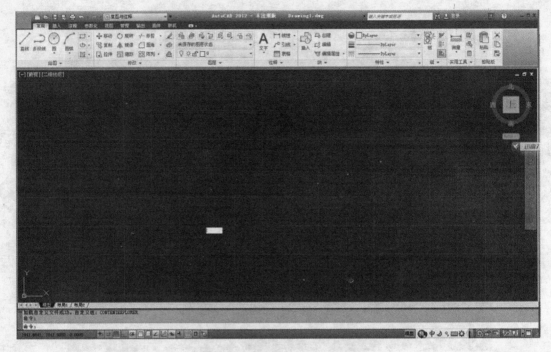

图 1-6　AutoCAD 2012 启动界面

1.2.2　卸载操作步骤

在"控制面板"中单击"添加/删除程序"图标。

在"添加/删除程序"窗口中选择 AutoCAD 2012 选项，然后单击"删除"按钮。

按提示操作，直至成功卸载。

1.3　启动和退出 AutoCAD 2012

1.3.1　启动

安装 AutoCAD 2012 后，系统会自动在 Windows 桌面上生成对应的快捷方式。双击<!---->快捷方式，即可启动 AutoCAD 2012。

与启动其他应用程序一样，选择"开始"→"程序"→'Autodesk'→'AutoCAD 2012'命令启动程序。

1.3.2　退出

退出程序方法如下：

　选择"菜单"→"文件"→"退出"命令。

　单击标题栏右侧"顶端"按钮。

　在命令行中输入 QUIT 或 EXIT 命令。

1.4 AutoCAD 2012 操作界面简介

首次运行 AutoCAD 2012 需要激活软件，才能正常使用软件。激活成功后，即可看到工作界面。经典工作界面由标题栏、菜单栏、工具栏、绘图窗口、光标、命令窗口、状态栏、坐标系图标、模型/布局选项卡和菜单浏览器等组成，如图 1-7 所示。

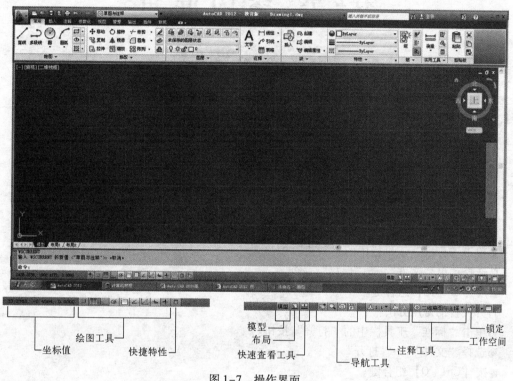

图 1-7 操作界面

第2章 绘图准备

2.1 基本操作

2.1.1 文件的新建、保存、打开

新建文件的常用方法：

❤单击"标准"工具栏中的"新建"按钮。

❤选择"文件"→"新建"命令。

⌨按【Ctrl+N】组合键。

保存文件的常用方法：

❤单击"标准"工具栏中的"新建"按钮。

❤选择菜单"文件"→"保存"命令。

⌨按【Ctrl+S】组合键。

打开文件的常用方法：

❤单击"标准"工具栏中的"打开"按钮。

❤选择"文件"→"打开"命令。

⌨按【Ctrl+O】组合键。

2.1.2 AutoCAD 命令执行方式

菜单命令：通过菜单命令绘图，即选择下拉菜单中的对应命令执行。菜单命令是命令按功能划分的菜单式描述，如图 2-1 所示。

图 2-1 菜单命令

工具按钮：为便于快速执行命令，AutoCAD 把常用的命令制作成工具栏式按钮。用户只须单击工具按钮就可执行相应命令。工具按钮同菜单一样，也被划分成不同功能的工具栏，以便调用，如图 2-2 所示。

图 2-2 工具按钮

命令行输入：在工作界面下方命令窗口处，输入对应命令即可。命令行不仅是输入、执行命令的窗口，同时，也是用户与软件交流的窗口。命令行输入命令是最常用的执行命令方式，需要重点掌握。

命令执行及确定：按【Enter】键或右击执行，如图2-3所示。

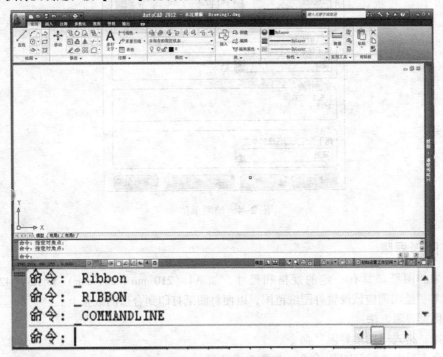

图2-3　命令的执行及确定

2.1.3　命令的退出、重复、撤销、恢复

命令的退出或终止：按【Enter】键，正常结束命令；按【Esc】键，取消执行命令。

命令的重复：重复执行上一次命令，只需按【Enter】键、空格键，或者右击。

命令的撤销：命令行执行UNDO命令；单击工具栏中"放弃"按钮；选择"菜单"→"编辑"→"放弃"命令；按【Ctrl+Z】组合键。

命令的恢复：按【Ctrl+Y】组合键；单击工具栏中"恢复"按钮。

2.2　绘图环境设置

2.2.1　绘图单位

启动AutoCAD，选择"格式"→"单位"命令，打开"图形单位"对话框，如图2-4所示。

设置：在"长度"选项组中的"类型"下拉列表框中选择"小数"选项，"精度"下拉列表框中选择"0.0000"选项，在"插入时的缩放单位"选项组的"用于缩放插入内容的单位"下拉列表框中选择"毫米"选项。

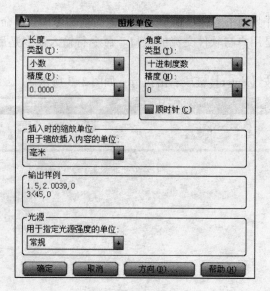

图 2-4　绘图单位

2.2.2　图形界限

现实中的图纸都具有一定的规格和尺寸，如 A4（210 mm × 297 mm）和 A3（420 mm × 297 mm）等，绘图前应该设置好图纸范围，以便将图纸打印到合适的纸张上。

设置图形界限方法：

- 选择"格式→图形界限"命令。
- 在命令行中执行 LIMITS 命令，如图 2-5 所示。

```
命令: limits
重新设置模型空间界限:
指定左下角点或 [开(ON)/关(OFF)] <0.0000,0.0000>:
指定右上角点 <420.0000,297.0000>: 58000,33000
```

图 2-5　"LIMITS"命令

图形界限是通过左下角点坐标和右上角点坐标来确定界限，类似于矩形定位。

2.3　辅助功能

2.3.1　认识坐标系

AutoCAD 的默认坐标系是世界坐标系，简称 WCS。它以图形界限左下角点为原点（0，0，0），包括 X、Y 和 Z 三条坐标轴。其中 X 轴为从原点出发水平方向的直线，向右为正方向；Y 轴为从原点出发垂直方向的直线，向上为正方向；Z 轴为从原点出发垂直于屏幕向外为正方向的直线。

坐标值（3，2，5）表示一个沿 X 轴正方向 3 个单位，沿 Y 轴正方向 2 个单位，沿 Z 轴正方向 5 个单位的点，如图 2-6 所示。

坐标输入：

在命令提示输入点时，单击确定点坐标，可根据动态提示灵活确定。

在命令提示下输入坐标值，如（100, 20, 50）。

打开动态输入时，可在光标旁边的工具提示中输入坐标值。可按照笛卡尔坐标（X, Y, Z）或极坐标输入二（三）维坐标，如图2-7所示。

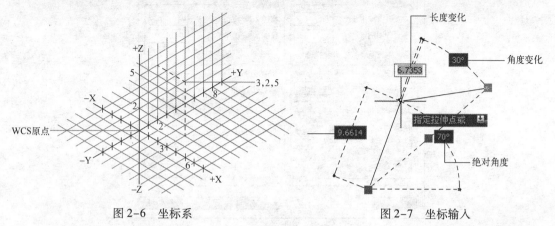

图2-6　坐标系　　　　　　　　　　图2-7　坐标输入

使用绝对坐标和相对坐标：

使用二维坐标时，可以输入基于原点的绝对坐标值，也可以输入基于上一输入点的相对坐标值。要输入相对坐标，请使用 @ 符号作为前缀。例如，输入 @1, 0, 0 表示在 X 轴正方向上距离上一点一个单位的点。要在命令提示下输入绝对坐标，无需输入任何前缀。

输入绝对坐标（三维）的操作步骤：

在提示输入点时，在动态提示中输入坐标：#X, Y, Z

如果关闭动态输入，在命令行中输入坐标：X, Y, Z

输入相对坐标（三维）的操作步骤：

在提示输入点时，输入坐标：@X, Y, Z

2.3.2　栅格、捕捉

栅格是点或线的矩阵。使用栅格类似于在图形下放置一张坐标纸。利用栅格可以对齐对象并直观显示对象之间的距离。凹下为显示状态，凸起为隐藏状态，栅格不被打印。可通过打开"草图设置"对话框完成，如图2-8所示。

使用栅格，可以通过显示并捕捉栅格、控制栅格间距、角度和对齐等功能，提高绘图的准确性、速度和效率。

操作命令	操作步骤
命令条目：DSETTINGS 快捷菜单：在状态栏的"栅格显示"按钮上右击，在弹出的快捷菜单中选择"设置"命令 菜单：选择"工具"→"菜单"→"草图设置"命令	在"草图设置"对话框的"捕捉和栅格"选项卡中选中"启用栅格"复选框，以显示栅格。 在"捕捉类型"下，确认已选择的"栅格捕捉"和"矩形捕捉"。 在"栅格 X 轴间距"中，以单位形式输入水平栅格间距。 要为垂直栅格间距设置相同的值，按【Enter】键。否则，在"栅格 Y 轴间距"中输入新值。 单击"确定"按钮

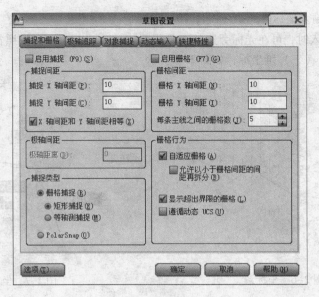

图2-8　栅格、捕捉

2.3.3　正交、极轴

正交：打开"正交"模式时，可以将光标限制在水平或垂直方向上，以便于精确地创建和修改对象。

创建或移动对象时，使用"正交"模式将光标限制在水平或垂直轴上。移动光标时，不管水平轴或垂直轴哪个离光标最近，拖引线将沿着该轴移动。

极轴：按【F10】键，或单击状态栏上的"极轴"按钮，光标将按指定角度进行移动，如图2-9所示。

注意："正交"模式和极轴追踪不能同时打开。打开"正交"将关闭极轴追踪。

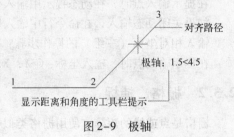

图2-9　极轴

2.4　视图设置

2.4.1　缩放

用户可以缩放视图以更改图形显示比例，如图2-10所示。

操作命令	操作步骤
🖰工具栏：单击"标准"按钮🔍 🖩命令条目：ZOOM（Z） 🖰菜单：选择"视图（V）"→"缩放（Z）"→"窗口"命令。	指定要查看的矩形区域的一个角点 指定其对角

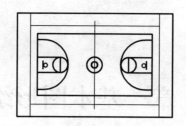

图 2-10 放大

若设置图形界限与显示范围一致，则在命令窗口输入 ZOOM 命令后，输入"E"即可，如图 2-11 所示。

```
命令: zoom
指定窗口角点，输入比例因子 (nX 或 nXP)，或
[全部(A)/中心点(C)/动态(D)/范围(E)/上一个(P)/比例(S)/窗口(W)] <实时>:
```

图 2-11 图形界限与显示范围一致

2.4.2 平移

用户可以平移视图以重新确定其在绘图区域中的位置。

操作命令：命令条目：PAN（P）；工具栏：标准🖐

操作步骤：

选择"视图（V）"→"平移（P）"→"实时"命令；

显示手形光标🖐后，单击并按住定点设备同时进行移动；

注意：如果使用鼠标，可以按住滚轮按钮同时移动鼠标；

要退出，按【Enter】键或【Esc】键，或右击。

第3章 基本图形绘制

3.1 线性图形

3.1.1 直线

可以绘制闭合一系列直线段，将第一条线段和最后一条线段连接起来。可以指定直线的特性，包括颜色、线型和线宽。要精确定义每条直线端点的位置，用户可按如下步骤进行操作。

使用绝对坐标或相对坐标输入端点的坐标值。

指定相对于现有对象的对象捕捉。例如，可以将圆心指定为直线的端点。

打开栅格捕捉并捕捉到一个位置。

操作命令	操作步骤
工具栏：单击"绘图"按钮／ 命令条目：LINE（L） 菜单：选择"绘图（D）"→"直线（L）"命令	可以使用鼠标捕捉，也可以在命令提示下输入坐标值 指定端点以完成第一条直线段 要在执行 LINE 命令期间放弃前一条直线段，请输入 U 或单击工具栏上的"放弃" 指定其他直线段的端点 按【Enter】键结束，或者按【C】键使一系列直线段闭合

要以最近绘制的直线的端点为起点绘制新的直线，再次启动 LINE 命令，然后在出现"指定起点"提示后按【Enter】键。

3.1.2 多段线

多段线是作为单个对象创建的相互连接的线段序列。可以创建直线段、圆弧段或两者的组合线段。多用于地形、等压和其他科学应用的轮廓素线。

操作命令	操作步骤
工具栏：单击"绘图"按钮⊃ 命令条目：PLINE（PL） 菜单：选择"绘图（D）"→"多段线（P）"命令⌐	指定多段线线段的起点 指定多段线线段的端点 在命令提示下输入 A（圆弧），切换到"圆弧"模式 输入 L（直线），返回到"直线"模式 根据需要指定其他多段线线段 按【Enter】键结束，或者输入 C 使多段线闭合

3.1.3 矩形

快速创建矩形：

操 作 命 令	操 作 步 骤
◎工具栏：单击"绘图"按钮▭ ▤命令条目：RECTANG ◎菜单：选择"绘图（D）"→"矩形（G）"命令▭	指定矩形第一个角点的位置 指定矩形其他角点的位置

3.1.4 多边形

可以快速创建规则多边形。创建多边形是绘制等边三角形、正方形、五边形、六边形等的简单方法。

操 作 命 令	操 作 步 骤
◎工具栏：单击"绘图"按钮⬠ ▤命令条目：POLYGON ◎菜单：选择"绘图（D）"→"正多边形（Y）"命令⬠	在命令提示下，输入边数 输入 E（边） 指定一条正多边形线段的起点 指定正多边形线段的端点

3.1.5 多线

绘制多行由 1 条至 16 条平行线组成，这些平行线称为元素。

操 作 命 令	操 作 步 骤
▤命令条目：MLINE（ML） ◎菜单：选择"绘图（D）"→"多线（U）"命令╲	在命令提示下，输入 ST 以选择样式 要列出可用样式，输入样式名称或输入？ 要对正多行，输入 J 并选择上对正、无对正或下对正 要修改多行的比例，请输入 S 并输入新的比例。开始绘制多行 指定起点 指定第二个点 指定其他点或按【Enter】键。如果指定了三个或三个以上的点，可以输入 c 闭合多行

3.2 曲 线 图 形

3.2.1 圆弧

可以通过指定圆心、端点、起点、半径、角度、弦长和方向值的各种组合形式绘制圆弧，可以使用多种方法创建圆弧。

操 作 命 令	操 作 步 骤
🔲工具栏：单击"绘图"按钮 ╱ 🔲命令条目：ARC 🔲菜单：选择"绘图（D）菜单" →"圆弧"→"三个点"命令	指定起点 在圆弧上指定点 指定端点

操作说明：

可通过指定三个点，即指定起点、圆心、端点，指定起点、圆心、夹角，指定起点、圆心、长度，指定起点、端点、角度，指定起点、端点、方向，指定起点、端点、半径等多种命令组合，根据实际环境进行创建圆弧，如图 3-1 所示。

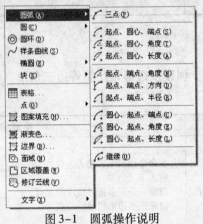

图 3-1　圆弧操作说明

3.2.2　圆

可以通过指定圆心、半径、直径、圆周上的点和其他对象上的点的不同组合来创建圆。

创建圆有多种方法，默认方法是指定圆心和半径，要结合具体条件来创建圆，如图 3-2 所示。

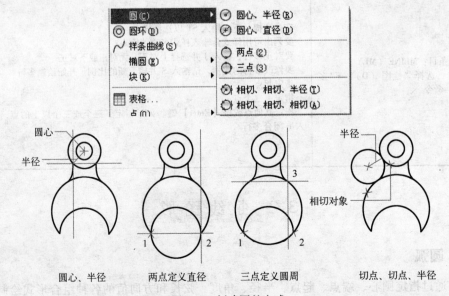

图 3-2　创建圆的方式

操作命令	操作步骤
◎工具栏：单击"绘图"按钮◎ ▦命令条目：CIRCLE（C） ◎菜单：选择"绘图"→"圆"命令	执行以下操作： 选择"绘图（D）"→"圆（C）"→"圆心、半径（R）"命令 选择"绘图（D）"→"圆（C）"→"圆心、直径（D）"命令 指定圆心 指定半径或直径

3.2.3 椭圆

椭圆由定义其长度和宽度的两条轴决定。较长的轴称为长轴，较短的轴称为短轴，如图 3-3 所示。

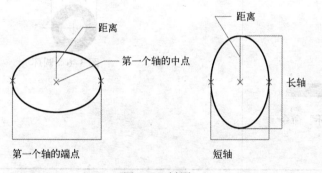

图 3-3 椭圆

创建椭圆方法：绘制等轴测圆、使用端点和距离、使用起点和端点角度绘制椭圆弧三种。

操作命令	操作步骤
◎工具栏：绘图◎ ▦命令条目：ELLIPSE ◎菜单：选择"绘图"→"圆弧"命令	以使用端点和距离绘制为例 选择"绘图（D）"→"椭圆（E）"→"轴、端点（E）"命令 指定第一条轴的第一个端点 1 指定第一条轴的第二个端点 2 从中点拖离定点设备，然后单击以指定第二条轴二分之一长度的距离 3，如图 3-4 所示 图 3-4 圆弧

3.2.4 圆环

圆环是填充环或实体填充圆，即带有宽度的闭合多段线。要创建圆环，需指定其内外直径和圆心。

操作命令	操作步骤
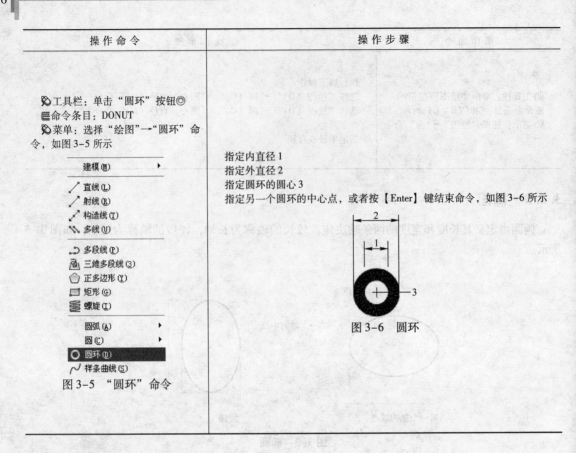	指定内直径 1 指定外直径 2 指定圆环的圆心 3 指定另一个圆环的中心点，或者按【Enter】键结束命令，如图3-6所示

图3-5　"圆环"命令

图3-6　圆环

3.2.5　修订云线

修订云线是由连续圆弧组成的多段线。用于在检查阶段提醒用户注意图形的某个部分。

操作命令	操作步骤
工具栏：单击"绘图"按钮 命令条目：REVCLOUD 菜单：选择"绘图（D）"→"修订云线（V）"命令	在命令提示下，指定新的弧长最大值和最小值，或指定修订云线的起始点 默认的弧长最小值和最大值设置为 0.5000 个单位。弧长的最大值不能超过最小值的三倍 沿着云线路径移动十字光标。要更改圆弧的大小，可以沿着路径单击"拾取点" 可以随时按【Enter】键停止绘制修订云线。要闭合修订云线，请返回到起点

3.2.6　点

在 AutoCAD 中，点是最基本的几何图形，但具有关键性作用。常用于捕捉和偏移对象的参考点。如定数等分和定距等分。

操 作 命 令	操 作 步 骤
绘制点: 📎工具栏:单击"绘图"按钮☁ ⌨命令条目:POINT 📎菜单:选择"绘图"→"点"命令 **定数等分:** ⌨命令条目:DIVIDE 📎菜单:选择"绘图"→"点"→"定数等分"命令 **定距等分:** ⌨命令条目:MEASURE 📎菜单:选择"绘图"→"点"→"定距等分"命令	定数等分:插入点以标记相等线段的步骤 1. 选择"绘图"→"点"命令,然后选择"定数等分" 2. 选择对象,如直线、圆、圆弧、椭圆或样条曲线 3. 输入所需的线段数目 AutoCAD 在每条线段之间放入一个点 如图 3-7 所示 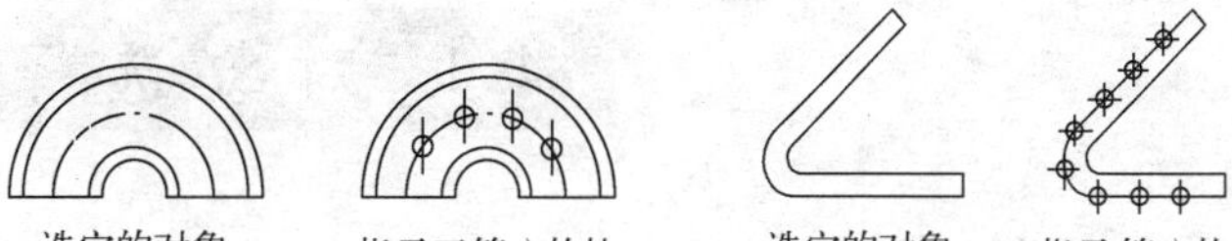 选定的对象 指示五等分的块 选定的对象 指示等分的点 图 3-7 绘制点 定距等分: 1. 选择"绘图"→"点"命令,然后选择"定距等分" 2. 选择直线、圆弧、样条曲线、圆、椭圆或多段线 3. 输入间隔长度,或指定点来指示长度 AutoCAD 将在对象上按指定间距放置点,如图 3-8 所示 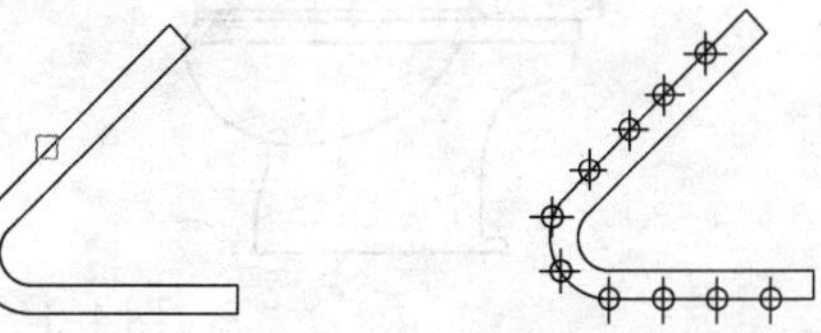 选定的对象 在等分间隔上的点 图 3-8 定距等分

第4章 基本图形编辑

4.1 对象选择

4.1.1 点选

选择单个图形对象时，一般采用点选。即直接单击选择目标对象，如图4-1所示。

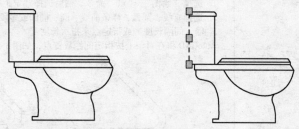

图4-1 点选

4.1.2 框选

框选与操作系统的框选类似，但在AutoCAD中，又分为左框选和右框选，如图4-2所示。从图4-2中可发现，左框选选择的对象需要全部在框内；而右框选选择的对象只需部分在框内即可被选中。

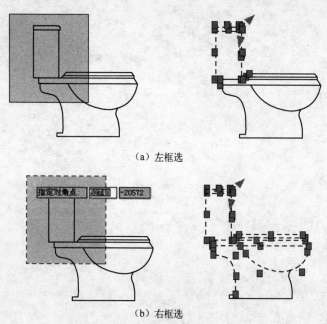

（a）左框选

（b）右框选

图4-2 框选

4.1.3 取消选择

操作命令：按【Esc】键；在命令行执行 U 命令。

4.2 图形编辑

4.2.1 删除

可在选定对象后，将选定对象从图形中删除，如图 4-3 所示。

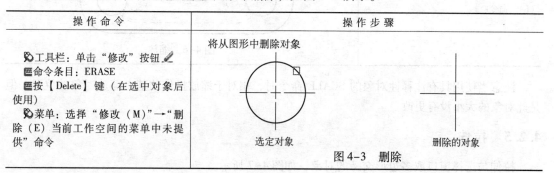

操 作 命 令	操 作 步 骤
工具栏：单击"修改"按钮 ✏ 命令条目：ERASE 按【Delete】键（在选中对象后使用） 菜单：选择"修改（M）"→"删除（E）当前工作空间的菜单中未提供"命令	将从图形中删除对象 选定对象　　　　　　删除的对象 图 4-3　删除

4.2.2 移动

可从原对象以指定的角度和方向移动对象。使用坐标、栅格捕捉、对象捕捉和其他工具可以精确移动对象，如图 4-4 所示。

操 作 命 令	操 作 步 骤
工具栏：单击"修改"按钮 ✛ 命令条目：MOVE（M）	选定对象　　　　　　移动对象 图 4-4　移动

4.2.3 旋转

可通过确定旋转的角度，使用光标进行拖动，绕指定基点旋转图形中的对象，如图 4-5 所示。

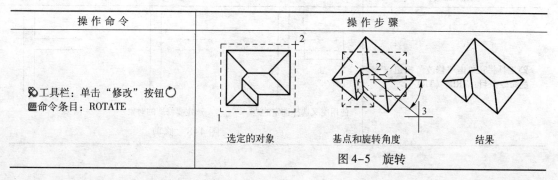

操 作 命 令	操 作 步 骤
工具栏：单击"修改"按钮 ↻ 命令条目：ROTATE	选定的对象　　　基点和旋转角度　　　结果 图 4-5　旋转

4.2.4　缩放

放大或缩小选定对象，使缩放后对象的比例保持不变，如图4-6所示。

操 作 命 令	操 作 步 骤
工具栏：单击"修改"按钮 命令条目：SCALE 菜单：选择"修改（M）"→"缩放（L）"命令	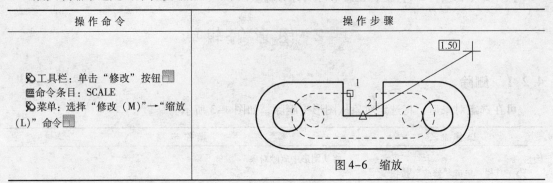图4-6　缩放

注意当使用具有注释性对象的 SCALE 命令时，相对于缩放操作的基点缩放对象的位置，但是此对象的大小没有更改。

4.2.5　拉伸

拉伸与选择窗口或多边形交叉的对象，如图4-7所示。

操 作 命 令	操 作 步 骤
工具栏：单击"修改"按钮 命令条目：STRETCH	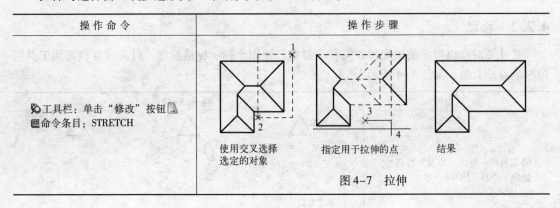使用交叉选择选定的对象　　指定用于拉伸的点　　结果 图4-7　拉伸

4.2.6　修剪

可以修剪对象，使它们精确地终止于由其他对象定义的边界。例如，通过修剪可以平滑地清理两墙壁相交的地方，如图4-8所示。

操 作 命 令	操 作 步 骤
工具栏：单击"修改"按钮 命令条目：TRIM（TR）	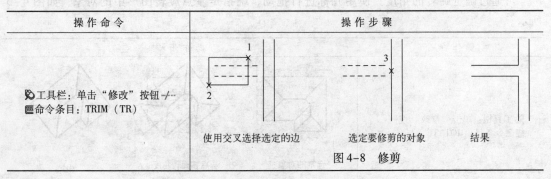使用交叉选择选定的边　　选定要修剪的对象　　结果 图4-8　修剪

4.2.7　延伸

延伸与修剪的操作方法相同。可以延伸对象，使它们精确地延伸至由其他对象定义的边界。将直线精确地延伸到由一个圆定义的边界，如图4-9所示。

操作命令	操作步骤
工具栏：单击"修改"按钮——/ 命令条目：EXTEND	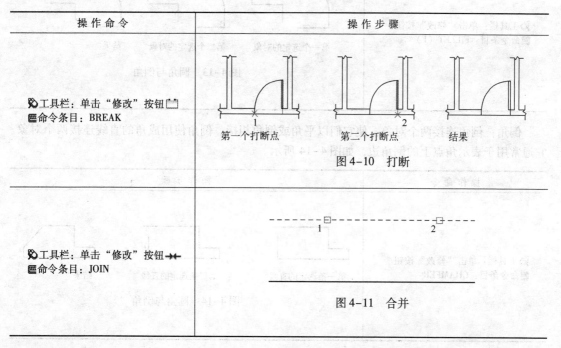

4.2.8　打断与合并

可以将一个对象打断为两个对象，对象之间可以具有间隔，也可以没有间隔。还可以将多个对象合并为一个对象，如图4-10和图4-11所示。

操作命令	操作步骤
工具栏：单击"修改"按钮 命令条目：BREAK	第一个打断点 1　　第二个打断点 2　　结果 图4-10　打断
工具栏：单击"修改"按钮→← 命令条目：JOIN	1　　　　2 图4-11　合并

4.2.9　分解

可以将多段线、标注、图案填充或块参照复合对象转变为单个的元素，如图4-12所示。

操作命令	操作步骤
✎工具栏：单击"修改"按钮 ▣命令条目：EXPLODE	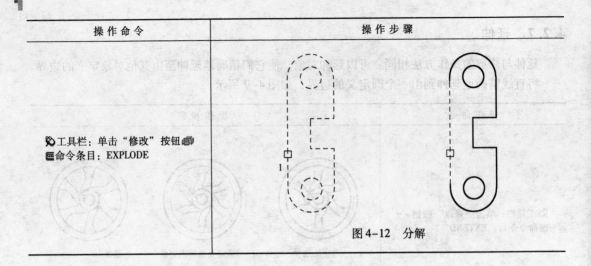 图4-12 分解

4.2.10 圆角与倒角

圆角可以使用与对象相切并且具有指定半径的圆弧连接两个对象，如图4-13所示。

操作命令	操作步骤
✎工具栏：单击"修改"按钮 ▣命令条目：FILLET（F）	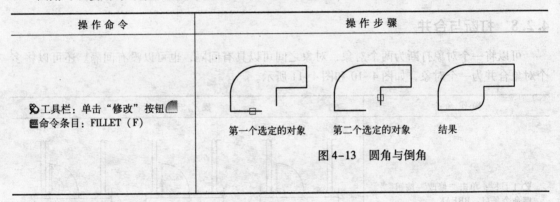 第一个选定的对象 第二个选定的对象 结果 图4-13 圆角与倒角

倒角：倒角连接两个对象，使它们以平角或倒角相接。倒角使用成角的直线连接两个对象。它通常用于表示角点上的倒角边，如图4-14所示。

操作命令	操作步骤
✎工具栏：单击"修改"按钮 ▣命令条目：CHAMFER	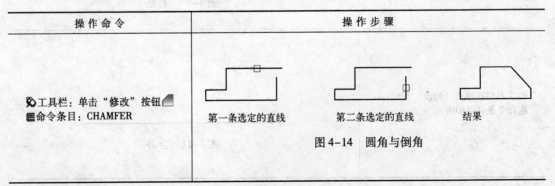 第一条选定的直线 第二条选定的直线 结果 图4-14 圆角与倒角

4.2.11 镜像

可以绕指定轴翻转对象创建对称的镜像图像，如图4-15所示。

操作命令	操作步骤
🔲工具栏：单击"修改"按钮◢⃝ 🖥命令条目：MIRROR 🔲菜单：选择"修改（M）"→"镜像（I）在当前工作空间的菜单中未提供"命令	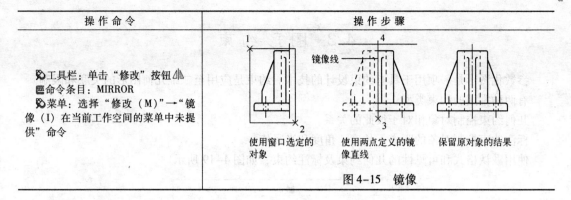 图4-15 镜像

4.2.12 阵列

可以在矩形、环形（圆形）、路径阵列中创建对象的副本。

矩形阵列：如图4-16所示。

操作命令	操作步骤
🔲工具栏：单击"修改（M）"按钮▦ 🖥命令条目：ARRAY 🔲菜单：选择"修改（M）"→"阵列"→"矩形阵列"命令	 图4-16 阵列

环形阵列：如图4-17所示。

操作命令	操作步骤
🔲工具栏：单击"修改"按钮 🖥命令条目：ARRAY ▦ 🔲菜单：选择"修改（M）"→"阵列"→"环形阵列"命令	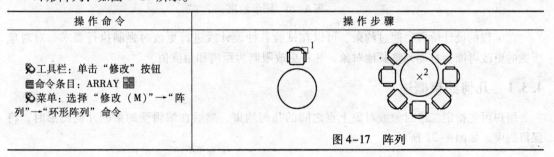 图4-17 阵列

路径阵列：如图4-18所示。

路径可以是直线、多段线、三维多段线、样条曲线、螺旋、圆弧、圆或椭圆。

操作命令	操作步骤
🔲工具栏：单击"修改"按钮◢⃝ 🔲菜单：选择"修改（M）"→"阵列"→"路径阵列"命令	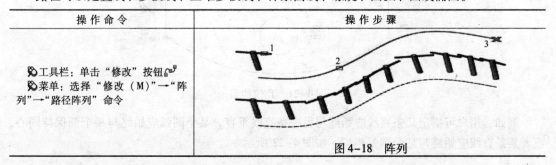 图4-18 阵列

4.3　图 形 约 束

参数化图形是一项用于具有约束设计的技术。约束是应用至二维几何图形的关联和限制。
有两种常用的约束类型：

几何约束控制对象相对于彼此的关系。

标注约束控制对象的距离、长度、角度和半径值。

使用默认格式和可见性的几何约束及标注约束，如图 4-19 所示。

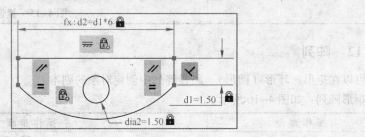

图 4-19　图形约束

将光标移至应用约束的对象上，始终会显示蓝色光标图标，如图 4-20 所示。

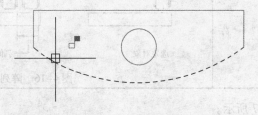

图 4-20　图形约束

在工程的设计阶段，通过约束，可以在试验各种设计或进行更改时强制执行要求。对对象
所做的更改可能会自动调整其他对象，并将更改限制为距离和角度值。

4.3.1　几何约束概述

用户可先指定二维对象或对象上点之间的几何约束，然后在编辑受约束的几何图形时，将
保留约束，如图 4-21 所示。

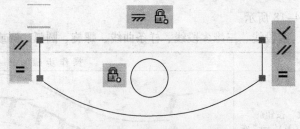

图 4-21　几何约束

例如，用户可指定某条直线应始终与另一条直线垂直，某个圆弧应始终与某个圆保持同心，
或者某条直线应始终与某个圆弧相切，如图 4-22 所示。

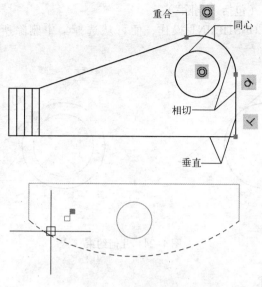

图4-22 几何约束

应用约束后，只允许对该几何图形进行不违反此类约束的更改。

用户可将几何约束仅应用于二维几何对象，而不能在模型空间和图纸空间之间约束对象，见表4-1。

表4-1 二维几何对象的几何约束

约　　束	点	对　　象
固定	🔒	🔒
水平	⚏	⚏
竖直	⚏	⚏

对称约束图标指示其标识的是对称点、对称对象还是对称直线，见表4-2。

表4-2 对称约束图标的指示标识

约　　束	点	对　　象	直　　线
对称	⊟	⊞	⊞

当将光标悬停于任何图标上时，将会显示约束点标记，该标记指示约束点。无需将光标悬停于图标上，即可标识应用于选定对象的点的约束。

当水平或垂直约束不与当前 UCS 平行或垂直时，将显示一组不同的约束栏图标，如图4-23所示。

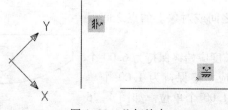

图4-23 几何约束

删除几何约束：

无法修改几何约束，但可删除并应用其他约束。右击图形中的约束图标，在弹出的快捷菜单中提供了多个约束命令（包括"删除"）。

只需通过一次 DELCONSTRAINT 操作，便可从选择集中删除所有的约束，如图 4-24 所示。

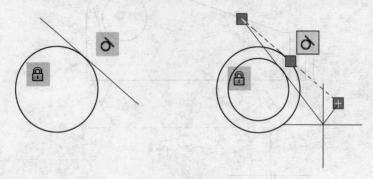

图 4-24　几何约束

4.3.2　标注约束概述

标注约束控制设计的大小和比例。它们可以约束以下内容：

（1）对象之间或对象上的点之间的距离；

（2）对象之间或对象上的点之间的角度；

（3）圆弧和圆的大小。

例如，包括线性约束、对齐约束、角度约束和直径约束，如图 4-25 所示。

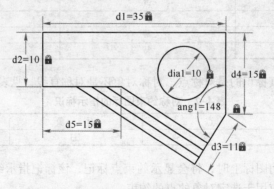

图 4-25　标注约束

若更改标注约束的值，则会计算对象上的所有约束，并自动更新受影响的对象。

应用标注约束：

标注约束会使几何对象之间或对象上的点之间保持指定的距离和角度。

例如，可以指定直线的长度应始终保持为 6.00 个单位，两点之间的垂直距离应始终保持为 1.00 个单位，圆的直径应始终保持为 1.00 个单位。如图 4-26 所示。

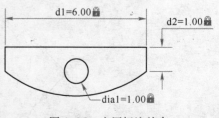

图 4-26　应用标注约束

将标注约束应用于对象时，会自动创建一个约束变量，以保留约束值。

第5章 图案填充、图块

图案填充是 AutoCAD 绘图中使用十分频繁的操作，不同的填充图案均有专门指代，因而增加了图纸的生动性和专业性。

5.1 填充图形

5.1.1 定义填充边界

图案填充只能填充闭合的区域。常用定义方法如下：
（1）指定对象封闭的区域中的点；
（2）选择封闭区域的对象。

5.1.2 图案填充

图 5-1 所示为"图案填充和渐变色"对话框"图案填充"选项卡。

操作命令	操作步骤
工具栏：单击"绘图"按钮 命令条目：HATCH 菜单：选择"绘图（D）"→"图案填充（H）"命令。	在"图案填充和渐变色"对话框中，单击"添加：拾取点"按钮 在图形中，在要填充的每个区域内指定一点，然后按【Enter】键 此点称为内部点 在"图案填充和渐变色"对话框的"图案填充"的选框中，验证该样例图案是否是要使用的图案。要更改图案，请从"图案"列表中选择另一个图案 如果需要，在"图案填充和渐变色"对话框中进行调整 在"绘制顺序"下，单击某个选项 可以更改填充绘制顺序，将其绘制在填充边界的后面或前面，或者其他所有对象的后面或前面 单击"确定"按钮

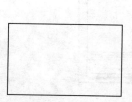

图 5-1 "图案填充和渐变色"对话框"图案填充"选项卡

5.2 图 块

图块是一组图形对象的简称，可作为独立的图形插入到图纸指定位置。在绘制图纸时，需要绘制多个相同图形对象时，可以先绘制一个，把其定义为图块，并插入到指定位置，从而避免重复性工作。在插入过程中，可进行图块的缩放及旋转等操作，如图5-2所示。

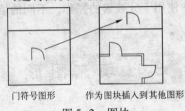

门符号图形　　作为图块插入到其他图形

图 5-2 图块

5.2.1 创建图块

操 作 命 令	操 作 步 骤
工具栏：绘图 命令条目：BLOCK 菜单：选择"绘图（D）"→"图块（K）"→"创建（M）"命令。	在"图块定义"对话框中的"名称"框中输入块名 在"对象"下选择"转换为图块" 单击"选择对象" 在"图块定义"对话框的"基点"下，使用以下方法之一指定图块插入点：单击"拾取点"，使用定点设备指定一个点 输入该点的 X，Y，Z 坐标值 在"说明"框中输入图块定义的说明，单击"确定"按钮。在当前图形中定义图块，可以将其随时插入

5.2.2 插入图块

操 作 命 令	操 作 步 骤
工具栏：单击"插入"按钮 命令条目：INSERT 菜单：选择"插入（I）"→"块（B）"命令。	在"插入"对话框的"名称"框中，从块定义列表中选择名称 如果需要使用定点设备指定插入点、比例和旋转角度，请选择"在屏幕上指定"。否则，请在"插入点"、"缩放比例"和"旋转"框中分别输入值 如果要将图块中的对象作为单独的对象而不是单个图块插入，请选择"分解"，单击"确定"按钮，效果如图5-3所示

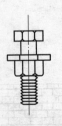

紧固件

紧固件的图块参数

图 5-3 插入图块

5.2.3　创建带属性图块

图块属性是将数据附着到图块上的标签或标记。

操作命令	操作步骤
▨命令条目：ATTDEF ▨菜单：选择"绘图（D）"→"图块（K）"→"定义属性（D）"命令	在"属性定义"对话框中，设置属性模式并输入标记信息、位置和文字选项 　单击"确定"按钮。创建属性定义后，可在创建图块定义时将其选为对象。如果已将属性定义合并到图块中，则插入图块时将会用指定的文本字符串提示输入属性

第6章 图　　层

图层相当于图纸绘图中使用的重叠图纸。是图形中使用的主要组织工具。可以使用图层将信息按功能编组，也可以强制执行线型、颜色及其他标准。与 Photoshop 中的图层类似，如图6-1所示。

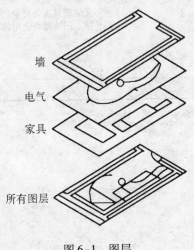

墙

电气

家具

所有图层

图6-1　图层

6.1　创建图层

（1）创建新图层，并打开图层特性管理器，如图6-2所示。

操作命令：

❀ 菜单：选择"格式（O）"→"图层（L）当前工作空间的菜单中未提供"命令。

▦ 命令条目：LAYER（或 'LAYER，用于透明使用）。

（2）图层特性设置：包括对图层状态、关闭或打开、锁定、线型、线宽、颜色等图层特性进行设置。

💡→💡 开/关。已关闭图层上的对象不可见，也不能编辑和打印。

☼→❀ 冻结/解冻。已冻结图层上的对象不可见，并且不会遮盖其他对象。不能在该图层进行任何操作。

🔓→🔒 锁定/解锁。锁定某个图层时，图层对象依然显示在屏幕上，但在解锁该图层之前，无法修改该图层上的所有对象。

🖶→🖶 打印/不打印。🖶状态表示打印该层图形对象，🖶状态表示不打印该层图形对象。

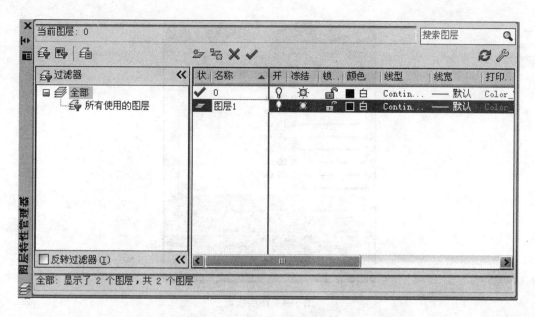

图6-2 创建图层

图层线型：在"图层特性管理器"对话框中选择要设置图层，单击"线型"图标Continuous，打开"选择线型"对话框，通过加载可选择其他线型，如图6-3所示。

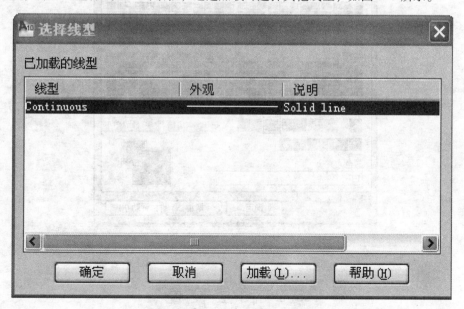

图6-3 图层线型

图层线宽：在"图层特性管理器"对话框中选择要设置的图层，单击"线宽"图标——默认，打开"线宽"对话框，通过加载可选择其他线宽，如图6-4所示。

（3）图层颜色：在"图层特性管理器"对话框中选择要设置的图层，单击"颜色"图标■白，打开"选择颜色"对话框，通过加载可选择其他颜色，如图6-5所示。

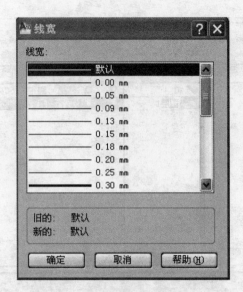

图 6-4　图层线宽

图 6-5　图层颜色

6.2　图　层　设　置

1. 设置当前绘图图层

当创建多个图层时，需要选择某个图层进行绘图。默认情况下 0 图层为当前图层。若要把其他图层做为当前图层，需要在"图层管理器"的图层列表处，选择目标图层，单击【置为当前】按钮✔或按【Alt＋C】组合键，也可在图层工具栏图层下拉列表框中选择目标图层，单击【置为当前】按钮参，如图 6-6 所示。

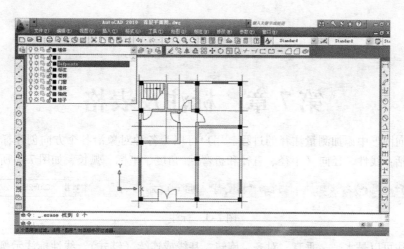

图 6-6　设置当前绘图图层

2. 改变已绘制图形对象图层

　　若要改变已绘制对象所在图层，可先选中图形，然后在图层工具栏的"图层"下拉列表框中选择要移动到的图层，如图 6-7 所示。

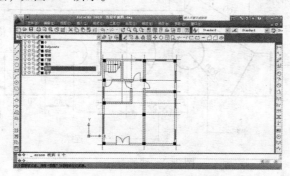

图 6-7　改变已绘制图形对象图层

第7章 标注及表格

标注是向图形中添加测量注释的过程。用户可以为各种对象沿各个方向创建标注。基本的标注类型包括：线性、径向（半径、直径和折弯）、角度、坐标、弧长，如图7-1所示。

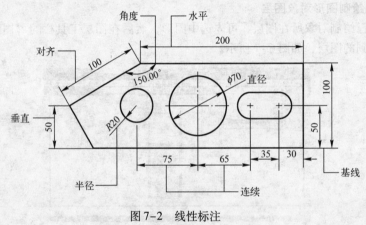

图 7-1 标注

线性标注可以是水平、垂直、对齐、旋转、基线或连续（链式）。线性标注示例，如图7-2所示。

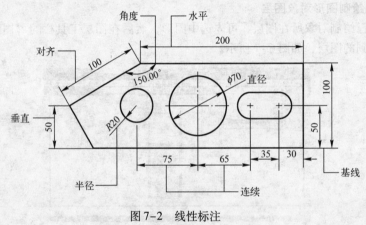

图 7-2 线性标注

7.1 标注说明

标注具有以下几种独特的元素：标注文字、尺寸线、箭头、引线和尺寸界线，如图7-3所示。

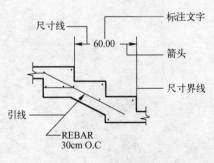

图 7-3 标注说明

7.2 标注样式

标注样式是标注设置的命名集合，可用来控制标注的外观，如箭头样式、文字位置和尺寸公差等。

用户可以创建标注样式，以快速指定标注的格式，并确保标注符合行业或工程标准。

创建标注时，标注将使用当前标注样式中的设置。

若要修改标注样式中的设置，则图形中的所有标注将自动使用更新后的样式。

用户可以创建与当前标注样式不同的指定标注类型的标准子样式。

如果需要，可以临时替代标注样式。

操作命令：

⊗ 功能区：单击"标注工具栏"中【标注样式】按钮 ◢ 。

⊗ 菜单：选择"标注" → "标注样式"命令。

▦ 命令条目：执行 DIMSTYLE 命令。

操作步骤：

（1）单击"标注工具栏"中"标注样式"按钮 ◢ 。打开"标注样式管理器"对话框，单击"新建"按钮，打开"创建新标注样式"对话框，如图7-4所示。

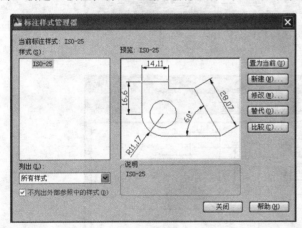

图7-4 标注样式

（2）在"副本 ISO – 25"文本框中输入"新建样式"，单击"继续"按钮。

（3）打开"新建标注样式：新建样式"对话框，在"直线"选项卡中，可设置"尺寸线"的颜色、线型、线宽等属性。设置好后，预览可见效果，如图7-5所示。

（4）单击"符号与箭头"选项卡，可设置"箭头"、"圆心标记"、"弧长符号"及"半径标注折弯"的相关属性，如图7-6所示。

（5）在"文字"选项卡中，可对"文字外观"、"文字位置"及"文字对齐"的相关属性进行设置。

（6）单击"确定"按钮即可完成新建样式的创建及设置，并返回"标注样式管理器"对话框，选择"新建样式"，右侧预览框中可见效果。

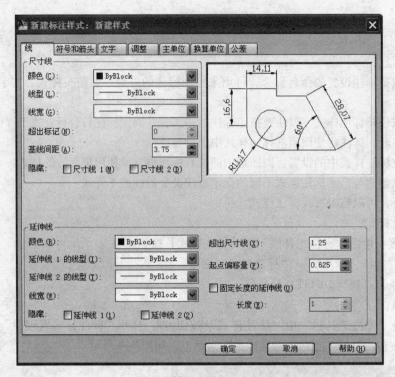

图 7-5 "新建标注样式：新建样式" 对话框

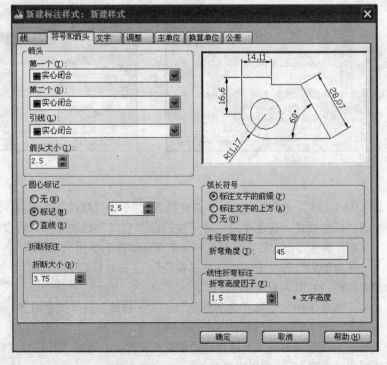

图 7-6 "符号和箭头" 选项卡

7.3 创建标注

7.3.1 标注水平方向和垂直方向尺寸

单击"标注"工具栏上的"线性"按钮，或选择"标注"→"线性"命令，即执行 DIMLINEAR 命令，AutoCAD 提示：

指定第一条尺寸界线原点或 <选择对象>：

在此提示下用户有两种选择，即确定一点作为第一条尺寸界线的起始点或直接按【Enter】键选择对象，如图 7-7 所示。

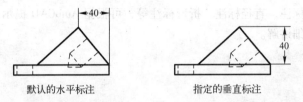

默认的水平标注   指定的垂直标注

图 7-7 标注水平方向和垂直方向尺寸

7.3.2 标注倾斜方向尺寸

单击"标注"工具栏上的"对齐"按钮，或选择"标注"→"对齐"命令，即执行 DIMALIGNED 命令，AutoCAD 提示：

指定第一条尺寸界线原点或 <选择对象>：

在此提示下用户有两种选择，即确定一点作为第一条尺寸界线的起始点或直接按【Enter】键选择对象，如图 7-8 所示。

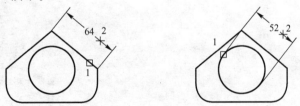

图 7-8 标注倾斜方向尺寸

7.3.3 连续标注及基线标注

连续标注和基线标注在建筑图纸标注中经常使用，可使标注更加快捷高效。

连续标注是指在标注出的尺寸中，相邻两尺寸线共用同一条尺寸界线。命令：DIMCONTINUE

单击"标注"工具栏上的"连续"按钮，或选择"标注"→"连续"命令，即执行 DIMCONTINUE 命令，按 AutoCAD 提示操作，如图 7-9 所示。

基线标注是指各尺寸线从同一条尺寸界线处引出。命令：DIMBASELINE

单击"标注"工具栏上的"基线"按钮，或选择"标注"→"基线"命令，即执行 DIMBASELINE 命令，按 AutoCAD 提示操作，如图 7-10 所示。

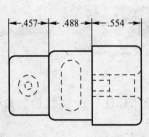

图 7-9　连续标注

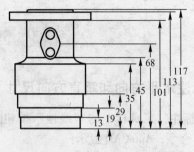

图 7-10　基线标注

7.3.4　其他标注

　　半径标注、弧长标注、直径标注、折弯标注等，可根据 AutoCAD 提示，进行对应图形对象的标注，在此不再详细讲解。

第8章 图形输出

8.1 打印参数设置

绘制图形通常需要进行打印输出或进行晒图。下面就具体打印过程进行讲解。

1. 执行打印命令

选择"文件"→"打印"命令或按【Ctrl + P】组合键，打开"打印－模型"对话框，设置好后，单击"确定"按钮，如图 8-1 所示。

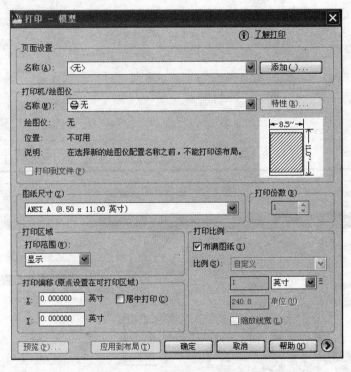

图 8-1 "打印模型"对话框

2. 选择打印设备

如果计算机连接多台打印机，在"名称"下拉列表框中选择要打印的设备，如图 8-2 所示。

3. 指定打印样式

默认情况下不需要采用任何样式，若需要，则在"打印样式表"的下拉列表框中选择，也可新建一个样式，如图 8-3 所示。

4. 选择图纸类型

图纸类型是指用于打印图形的纸张大小。在"图纸尺寸"下拉列表框中进行选择，如图 8-4 所示。

图8-2　选择打印设备

图8-3　指定打印样式

5. 设置打印区域

当图形包括内容比较多时，可以通过设置打印区域来打印指定内容。

方法：打开"打印"对话框，在"打印区域"栏的"打印范围"下拉列表框中选择所需选项，如图 8-5 所示。

图 8-4　选择图纸类型

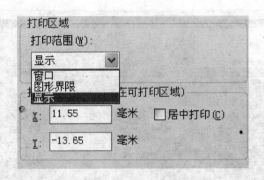

图 8-5　设置打印区域

6. 设置打印比例

在"打印"对话框中，"打印比例"栏的"布满图纸"为默认选项，即打印时系统会自动缩放打印内容，使其刚好布满图纸。若要采用其他比例，则应首先取消该默认选项，然后在"比例"下拉列表框中选择合适的打印比例，如图 8-6 所示。

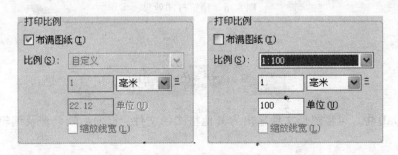

图 8-6　设置打印比例

7. 设置打印方向

在"打印"对话框的"图形方向"栏，设置图形的打印方向，左侧选择单选按钮，右侧可预览打印方向，如图 8-7 所示。

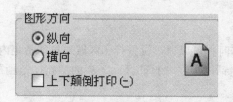

图 8-7　设置打印方向

8. 预览打印效果

完成打印设置后，单击"预览"按钮 预览图形。若不满意或不符合要求，则可重新进行打印设置，再进行预览，直到预览满意并进行打印为止，如图 8-8 所示。

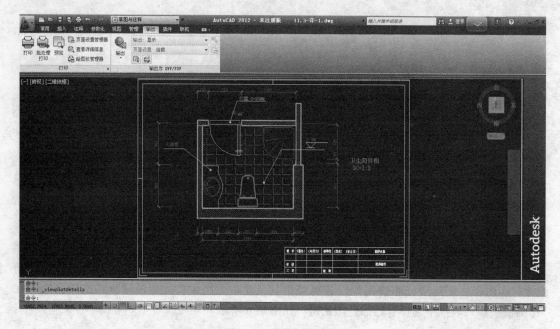

图 8-8　预览打印效果

8.2　文件输出

在 AutoCAD 中，可将图形文件输出为其他格式的文件，以便后期处理及编辑，具体操作如下：

🔖 选择"文件"→"输出"命令；

📖 执行 EXPORT 命令。

执行输出命令后，打开"输出数据"对话框，在"文件类型"下拉列表框中选择要输出的格式，在"文件名"栏中输入保存的名称，浏览指定保存路径，单击"保存"按钮完成图形文件输出，如图 8-9 所示。

图 8-9 文件输出

第9章 AutoCAD 室内设计装饰图实例

9.1.1 室内设计的方法

关于室内设计的方法，本书着重从设计者的思考方法来分析，主要有以下几点。

（1）大处着眼、细处着手，总体与细部深入推敲。大处着眼，是指室内设计时应考虑几个基本观点。这样，在思考问题和着手设计时的起点就高，并会有一个设计的全局观念。细处着手是指具体进行设计时，必须根据室内的使用性质，深入调查、收集信息，掌握必要的资料和数据，从最基本的人体尺度、人流动线、活动范围和特点、家具与设备的尺寸以及必须的空间等着手。

（2）从里到外、从外到里，局部与整体协调统一。建筑师 A·依可尼可夫曾说："任何建筑创作，应是内部构成因素和外部联系之间相互作用的结果，也就是'从里到外'、'从外到里'。"

室内环境的"里"，以及和这一室内环境连接的其他室内环境，以至建筑室外环境的"外"，它们之间有着相互依存的密切关系，设计时需要从里到外，从外到里多次反复协调，以使更趋完善合理。室内环境需要与建筑整体的性质、标准、风格以及室外环境相协调统一。

（3）意在笔先或笔意同步，立意与表达并重。意在笔先原指创作绘画时必须先有立意，即深思熟虑，有了"想法"后再动笔，也就是说设计的构思、立意至关重要。一项设计，没有立意就等于没有"灵魂"，设计的难度也往往在于要有一个好的构思。具体设计时，意在笔先固然好，但是一个较为成熟的构思，往往需要足够的信息量，有商讨和思考的时间，因此也可以边动笔边构思，即所谓笔意同步，在设计前期和出方案过程中使立意、构思逐步明确，但关键仍然是要有一个好的构思。

对于室内设计来说，正确、完整，又有表现力地表达出室内环境设计的构思和意图，使建设者和评审人员能够通过图纸、模型、说明等，全面地了解设计意图，是非常重要的。在设计投标竞争中，图纸质量的完整、精确、优美是第一关，因为在设计中，形象是很重要的，而图纸表达则是设计者的语言，一个优秀室内设计的内涵和表达应该是统一的。

9.1.2 室内设计的程序步骤

室内设计根据设计的进程，通常可以分为四个阶段，即设计准备阶段、方案设计阶段、施工图设计阶段和设计实施阶段。

1. 设计准备阶段

设计准备阶段主要是接受委托任务书，签订合同，或者根据标书要求参加投标；明确设计期限并制定设计计划进度安排，考虑各有关工种的配合与协调。

明确设计任务和要求，如室内设计任务的使用性质、功能特点、设计规模、等级标准、总造价，根据任务的使用性质所需创造的室内环境氛围、文化内涵或艺术风格等。

熟悉设计有关的规范和定额标准，收集分析必要的资料和信息，包括对现场的调查踏勘以及对同类型实例的参观等。

在签订合同或制定投标文件时，还包括设计进度安排，设计费率标准，即室内设计收取业主设计费占室内装饰总投入资金的百分比。

2. 方案设计阶段

方案设计阶段是在设计准备阶段的基础上，进一步收集、分析、运用与设计任务有关的资料与信息，构思立意，进行初步方案设计，进行方案的分析与比较。确定初步设计方案，提供设计文件。室内初步方案设计的文件通常包括：

（1）平面图，常用比例1:50，1:100；

（2）室内立面展开图，常用比例1:20，1:50；

（3）平顶图或仰视图，常用比例1:50，1:100；

（4）室内透视图；

（5）室内装饰材料实样版面；

（6）设计意图说明和造价概算；

（7）初步设计方案需经审定后，方可进行施工图设计。

3. 施工图设计阶段

施工图设计阶段需要补充施工所必要的有关平面布置、室内立面和平顶等图纸，还需包括构造节点详细、细部大样图以及设备管线图，并编制施工说明和造价预算。

4. 设计实施阶段

设计实施阶段即是工程的施工阶段。室内工程在施工前，设计人员应向施工单位进行设计意图说明及图纸的技术交底；工程施工期间需按图纸要求核对施工实况，有时还需根据现场实况提出对图纸的局部修改或补充；施工结束时，还需会同质检部门和建设单位进行工程验收。

为了使设计取得预期效果，室内设计人员必须抓好设计各阶段的环节，充分重视设计、施工、材料、设备等各个方面，并熟悉、重视与原建筑物的建筑设计、设施设计的衔接，同时还须协调好与建设单位和施工单位之间的相互关系，在设计意图和构思方面取得沟通与共识，以期取得理想的设计工程成果。

9.2 室内设计制图

室内设计表现内容中的建筑平面图、建筑立面图和建筑剖面图是设计者进行室内设计表达的深化阶段及最终阶段，更是指导室内装饰施工的重要依据。

9.2.1 建筑平面图

建筑平面图主要表示建筑的墙、柱、门、窗的位置和门的开启方式；隔断、屏风、帷幕等空间分隔物的位置和尺寸；台阶、坡道、楼梯、电梯的形式及地坪标高的变化；卫生洁具和其他固定设施的位置和形式；家具、陈设的形式和位置等。

平面图样绘制顺序：轴网→墙线（柱）→开洞口→插入门窗→其他图线→标注尺寸→标注文字，具体过程可参考下列步骤。

（1）导入图框，如图9-1所示。

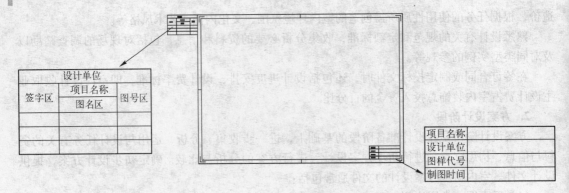

图 9-1　导入图框

（2）设置绘图环境。设置绘图环境所需的命令见表 9-1。

表 9-1　设置绘图环境所需的命令

图 层 名 称	对　　象	线 型 设 置	颜　　色
DOTE	轴线	CENTER	1（正红）
WALL	墙线	CONTINUOUS	255（类似白色）
COLUMN	柱子	CONTINUOUS	255（类似白色）
WINDOW	门窗	CONTINUOUS	4（天青）
STAIR	楼梯	CONTINUOUS	2（正黄）
ROOF	屋顶	CONTINUOUS	4（天青）
PUB_TEXT	文字	CONTINUOUS	7（正白）
PUB_DIM	尺寸	CONTINUOUS	3（正绿）

常用图层如图 9-2 所示。

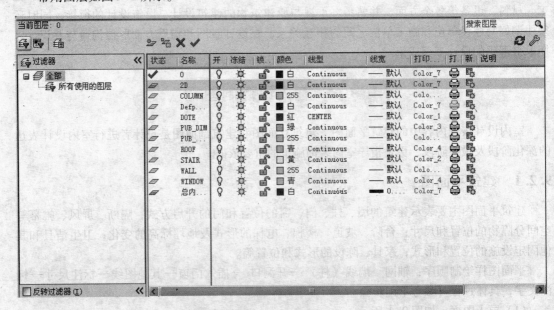

图 9-2　常用图层

（3）绘制轴线。首先选择DOTE图层，分别在左、下方绘制两条基准轴线，如图9-3所示。

图9-3　绘制基准轴线

根据轴线距离，使用偏移工具进行偏移，得到轴线网。轴线是施工放线的依据，如图9-4所示。

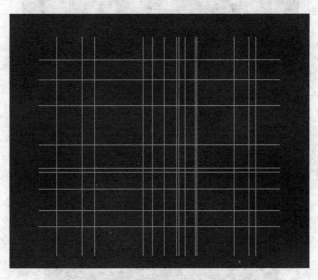

图9-4　轴线布局

给各垂直和水平的轴线按规则进行编号，如图9-5所示。

（4）绘制墙线。

方法1：使用多线进行绘制，多线要根据墙体的厚度设置比例和对正关系。

方法2：使用多段线和偏移来进行绘制，如图9-6所示。

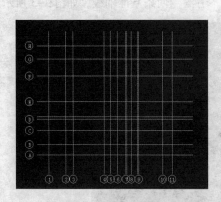

图9-5 轴线编号

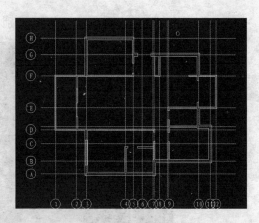

图9-6 绘制墙线

（5）留门及开启线，隐藏轴线可见，如图9-7所示。

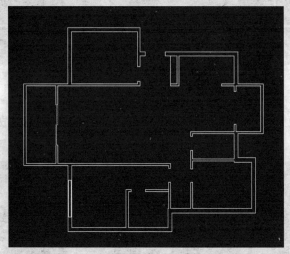

图9-7 绘制门及开启线

（6）尺寸标注，如图9-8所示。

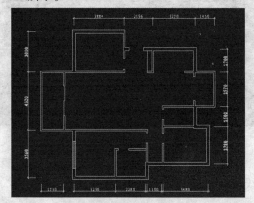

图9-8 尺寸标注

（7）图案填充及图块放置，如图9-9所示。利用图案填充工具和图块（家具、地板材料、灯饰）放置，可以绘制成平面布置图和顶棚图，顶棚图（又称天花图）的形成方法与房屋建筑平面图基本相同，不同之处是投射方向恰好相反。

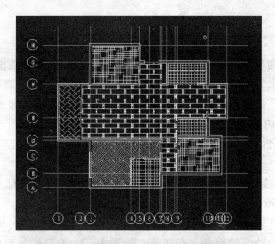

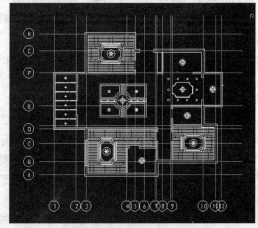

图9-9　图案填充及图块放置

（8）家具布置。在平面图中应标注：各个房间的名称或家具布置；房间开间、进深以及主要空间分隔物和固定设备的尺寸；不同地坪的标高；立面指向符号；详图索引符号；图名和比例等，如图9-10所示。

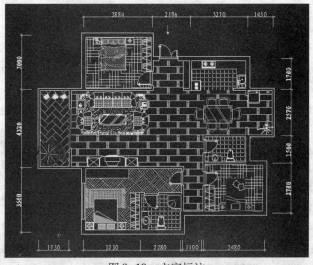

图9-10　文字标注

9.2.2　建筑立面图

建筑立面图是建筑物在与建筑物立面平行的投影面上投影所得的正投影图。

建筑立面图主要用来表达建筑物的外部造型、门窗位置及形式、墙面装饰材料、阳台和雨篷等部分的材料及做法。建筑立面图是建筑施工中控制高度和外墙装饰效果的技术依据。

1. 建筑立面图绘制内容

在绘制建筑立面图之前，首先要明白建筑立面图的内容，建筑立面图的内容主要包括以下部分。

（1）图名、比例。建筑立面图的比例应和平面图相同。根据国家标准《建筑制图标准》规定：立面图常用的有 1:50、1:100 和 1:200。

（2）建筑物立面的外轮廓线形状、大小。

（3）建筑立面图定位轴线的编号。在建筑立面图中，一般只绘制两端的轴线，且编号应与平面图中的相对应，确定立面图的观看方向。定位轴线是平面图与立面图间联系的桥梁。

（4）建筑物立面造型。

（5）外墙上的建筑构配件，如门窗、阳台、雨水管等的位置和尺寸。

（6）外墙表面的装饰。外墙表面分格线应表示清楚，用文字说明各部位所用面材及色彩。外墙的面材和色彩决定建筑立面的效果，因此一定要进行标注。

（7）立面标高。在建筑立面图中，高度方向的尺寸主要使用标高的形式标注，主要包括建筑物室内外地坪、各楼层地面、窗台、阳台底部、女儿墙等各部位的标高。通常，立面图中的标高尺寸，应注写在立面图的轮廓线以外，分两侧就近注写。注写时要上下对齐，并尽量位于同一铅垂线上。但对于一些位于建筑物中部的结构，为了表达得更清楚，在不影响图面清晰的前提下，也可就近标注在轮廓线以内。

（8）详图索引符号。立面图的画法：立面图的最外轮廓线用粗实线绘制，地坪线可用加粗线（标注粗度的 1.4 倍）绘制，装修构造的轮廓和陈设的外轮廓线用中实线绘制，对材料和质地的表现宜用细实线绘制。立面图的标注要注意纵向尺寸、横向尺寸和标高；材料的名称；详图索引符号；图名和比例等 。

2. 操作命令

要绘制本例立面图，可按以下步骤进行操作，需要使用的命令如下：

（1）设置图层，利用图层 LA 命令设置和管理图层；

（2）使用直线命令 L 和偏移命令 O 绘制辅助定位轴线；

（3）使用多义线命令 PL、偏移命令 O 和修剪命令 TR 绘制室外地坪线和外墙轮廓线；

（4）使用直线命令 L、偏移命令 O 和修剪命令 TR 绘制立面图中的窗户；

（5）使用复制命令 CO 将已绘制好的窗复制到设计好的位置，完成窗的绘制；

（6）使用单行文本命令 DT 进行立面图墙面材料说明和注写图名；

（7）标注尺寸，主要是进行标高标注，采用插入图块命令 I。

3. 绘制步骤

（1）设置绘图环境。

① 启动 AutoCAD2012，选择"文件"→"新建"命令，创建新的图形文件。

② 选择"Limits"命令，AutoCAD 提示"指定左下角点或［开（ON）/关（OFF）］<0.0000，0.0000>："，按【Enter】键，指定图形界限左下角点坐标值为 0，0。AutoCAD 提示"指定右上角点 <12.0000，9.0000>："时，因建筑立面图的绘制比例为 1:100，图形放在 A2

图幅内，故将图形界限放大一百倍，输入59400，42000，即图纸大小为59400×42000。

③ 在命令行输入 Z，并按【Enter】键，在系统提示下输入 A，选择显示整个图纸大小。

④ 在命令行输入 La，并按【Enter】键，打开"图层特性管理器"对话框。在"图层特性管理器"对话框依次设置图层如图9-11所示。

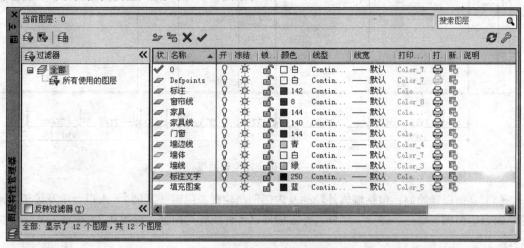

图 9-11　设置绘图环境

⑤ 绘制或导入预订设计好的图框，填好标题栏等信息，如图9-12所示。

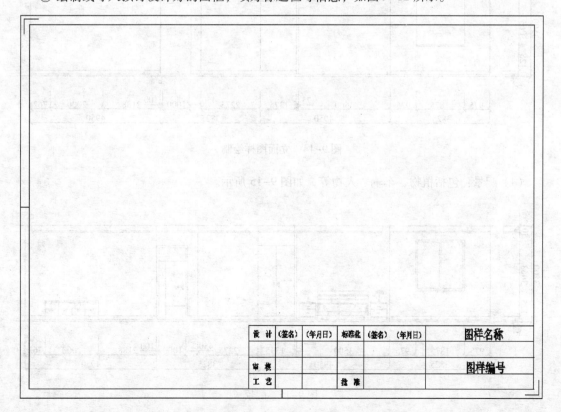

图 9-12　绘制或导入图框

（2）确定定位辅助线：包括墙、柱定位轴线、楼层水平定位辅助线及其他立面图样的辅助线。立面图一般只绘制两端的轴线及其编号，如图9-13所示。

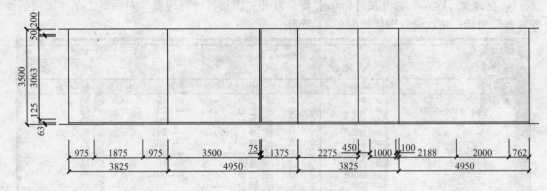

图9-13　确定定位辅助线

（3）立面图样绘制：包括墙体外轮廓及内部凹凸轮廓、门窗（幕墙）、入口台阶及坡道、雨棚、窗台、窗楣、壁柱、檐口、栏杆、外露楼梯、各种线脚等内容，如图9-14所示。

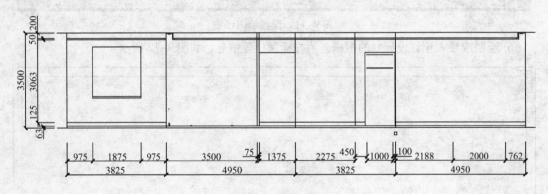

图9-14　立面图样绘制

（4）配景：包括植物、车辆、人物等，如图9-15所示。

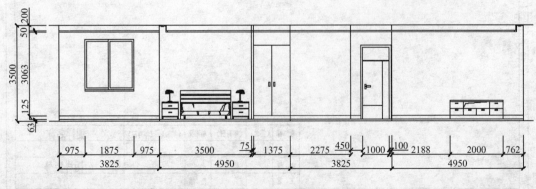

图9-15　配景

（5）尺寸、文字标注。对立面进行装饰并加以文字说明，如图9-16所示。

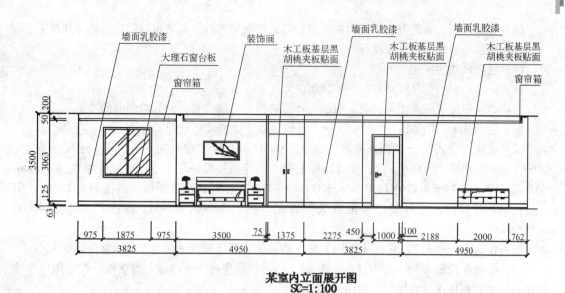

某室内立面展开图
SC=1:100

图9-16 尺寸、文字标注

9.2.3 建筑剖面图

建筑剖面图和建筑立面图的主要区别是建筑剖面图中需画出被剖的侧墙及顶部楼板和顶棚等，而建筑立面图则直接绘制垂直界面的正投影图，画出侧墙内表面，不必画侧墙及楼板等，如图9-17所示。

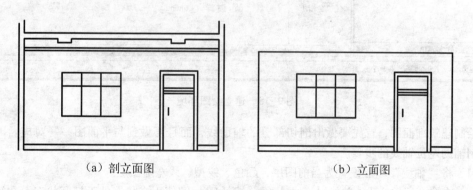

（a）剖立面图　　　　　　　　　　（b）立面图

图9-17 建筑剖面图和建筑立面图

建筑剖面图绘制时应表示以下主要内容：

（1）图名、比例。建筑剖面图的比例与平面图、立面图一致，为了图示清楚，也可用较大的比例进行绘制。

（2）定位轴线和轴线编号。建筑剖面图上定位轴线的数量比立面图中多，但一般也不需全部绘制，通常只绘制图中被剖切到的墙体的轴线。

（3）表示被剖切到的建筑物内部构造，如各楼层地面、内外墙、屋顶、楼梯、阳台等。

（4）表示建筑物承重构件的位置及相互关系，如各楼层的梁、板、柱及墙体的连接关系等。

（5）没有被剖切到的但在剖切面中可以看到的建筑物构件，如室内的门窗、楼梯和扶手。

（6）屋顶的形式及排水坡度等。

（7）竖向尺寸的标注。

（8）详细的索引符号和必要的文字说明。

在开始绘制建筑剖面图前，要先对绘图环境进行相应的设置，做好绘图前的准备。

（1）启动 AutoCAD2012，"文件"→"新建"命令，创建新的图形文件。

（2）选择"格式"→"图形界限"命令，AutoCAD 提示"指定左下角点或［开（ON）/关（OFF）］<0.0000，0.0000>："，按【Enter】键，指定图形界限左下角点坐标值为0，0。Auto-CAD 提示"指定右上角点 <12.0000，9.0000>："时，因建筑剖面图的绘制比例为1∶100，图形放在 A3 图幅内，故将图形界限放大一百倍，输入 42000，29700，即图纸大小为 42000×29700。

（3）在命令行输入 Z，并按【Enter】键，在系统提示下输入 A，选择显示整个图纸大小。

（4）在命令行输入 La，并按【Enter】键，打开"图层特性管理器"对话框。在"图层特性管理器"对话框依次设置图层，如图 9-18 所示。

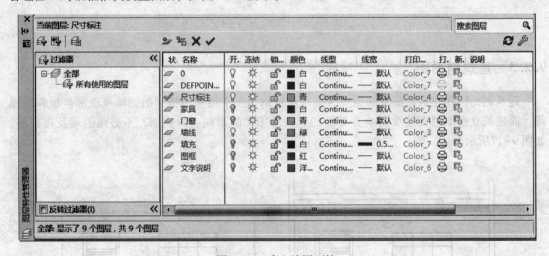

图 9-18　建立绘图环境

绘制建筑剖面图，首先要做出剖切部分的辅助线，而且要做到与平面图一一对应。下面介绍绘制辅助定位轴线的步骤。

（1）将"轴线"图层设置为当前图层，颜色、线型、线宽随图层。

（2）在命令行输入 L，并按【Enter】键，按【F8】键使正交状态处于打开状态。在绘图区域左下角拾取一点，拖动鼠标向上设置好直线方向为竖直向上，提示行直接输入竖直线长度 10000，并按【Enter】键，完成辅助定位轴线 D 的绘制。

（3）使用偏移命令，将辅助定位轴线 D 向右偏移生成 2 条直线，偏移距离分别为 7000、5700，生成辅助定位轴线 B 和 A。

（4）在命令行输入 LT，并按【Enter】键，打开"线型管理器"对话框，在"全局比例因子"框中输入 25，如图 9-19 所示。

绘制地坪线、墙体轮廓线、楼面线和顶棚线如图 9-20 所示。

定位门窗如图 9-21 所示。

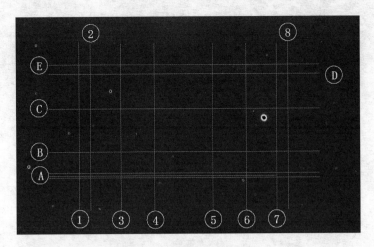

图 9-19　绘制辅助定位轴线

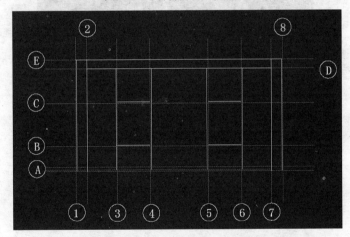

图 9-20　绘制地坪线、墙体轮廓线、楼面线和顶棚线

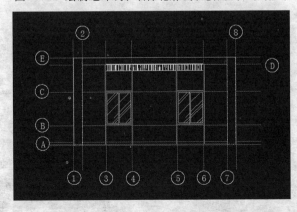

图 9-21　定位门窗

填充剖面墙体如图 9-22 所示。

家具布置及材料说明如图 9-23 所示。

添加图框如图 9-24 所示。

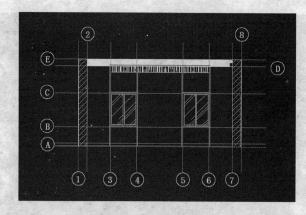

图 9-22　填充剖面墙体

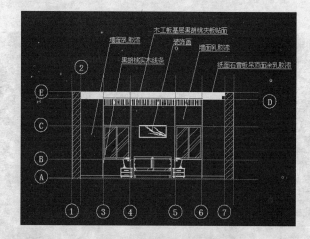

图 9-23　家具布置及材料说明

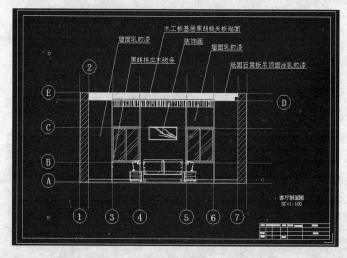

图 9-24　添加图框

第 10 章　室内表现制作工具简介

10.1　Google Skechtup 建模简介

Google Sketchup 是一套直接面向设计方案创作过程的设计工具，其创作过程不仅能够充分表达设计师的思想而且完全能够满足与客户实时交流的需要，它使得设计师可以直接在计算机上进行直观的构思，是三维建筑设计方案创作的优秀工具。

Google Sketchup 具有独特简洁的界面，可让设计师在短期内掌握，适用范围广阔，可应用在建筑、规划、园林、景观、室内以及工业设计等领域。Google Sketchup 可与 AutoCAD，Revit，3DsMAX，PIRANESI 等软件结合使用，并能快速导入和导出 DWG，DXF，JPG，3DS 格式文件，实现方案构思、效果图与施工图绘制的完美结合。

10.1.1　Google Skechtup 建模综述

Google Sketchup 建模基本步骤：

（1）准备导图之前的准备工作；

（2）导入 AutoCAD 文件；

（3）拉伸各个楼层体块；

（4）开窗、开门、添加阳台等需要制作的构件；

（5）添加页面，确定模的观测视角定位；

（6）导出至 JPG 图像文件，为后期处理阶段提供建筑图片。

10.1.2　效果制作实例

制作步骤如下：

（1）打开 Google Skechup ，并导入 AutoCAD 图纸，如图 10-1 ～图 10-4 所示。

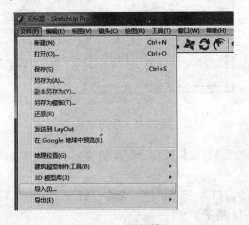

图 10-1　图纸导入

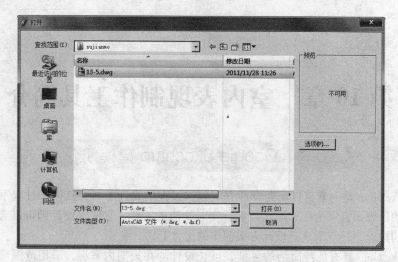

图 10-2   选择 AutoCAD 图纸路径

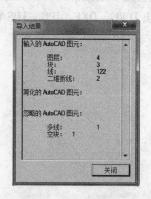

图 10-3   导入结果显示

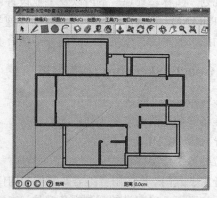

图 10-4   导入后的效果显示

（2）用 ![绘图工具] 绘图工具，逐步完成墙面的绘制，如图 10-5 所示。

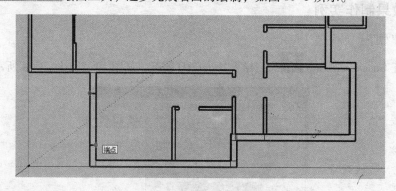

图 10-5   绘图工具

（3）使用 ，对建好的面进行拉伸操作，高度值输入 3000，如图 10-6 所示。拉伸后的效果如图 10-7、图 10-8 所示。

（4）插入门窗。选择"窗口"→"组件"命令，打开"组件"对话框。并找到合适的门窗组件，如图 10-9 ～图 10-11 所示。

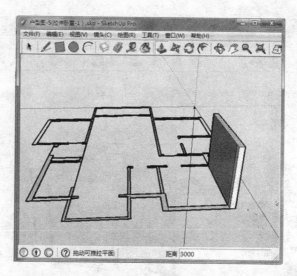

图 10-6　墙体建模

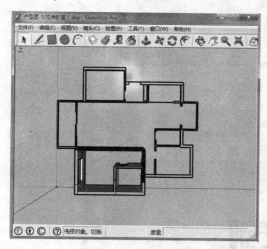

图 10-7　顶视图拉伸观察

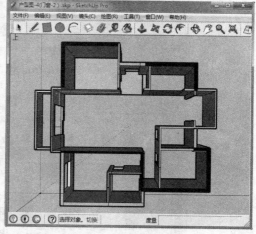

图 10-8　拉伸后的模型效果

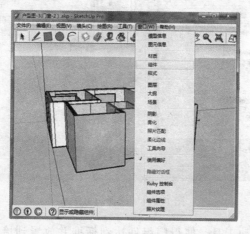

图 10-9　组件位置

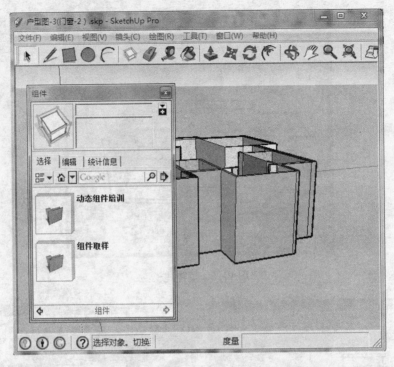

图 10-10　选择组件

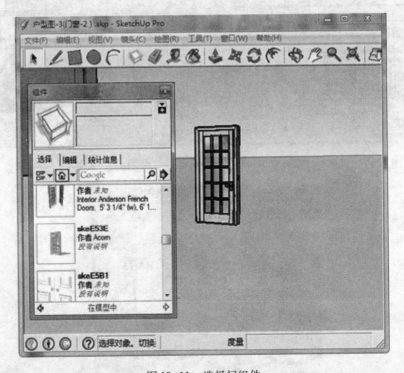

图 10-11　选择门组件

　　使用旋转、缩放和移动工具，使得门组件达到标准并放置到恰当位置，如图 10-12 ～ 图 10-14所示。

图 10-12　组件摆放位置

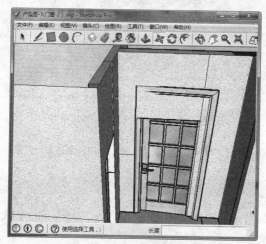

图 10-13　调整组件摆放位置

图 10-14　组件缩放

最终效果如图 10-15 所示。

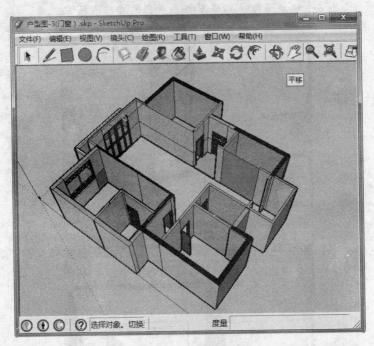

图 10-15　安放组件后的效果

（5）给墙面增加材质。打开"颜料桶"对话框，如图 10-16、图 10-17 所示。

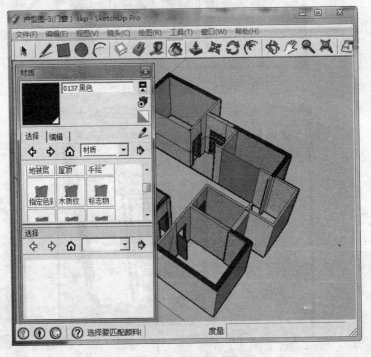

图 10-16　"颜料桶"对话框

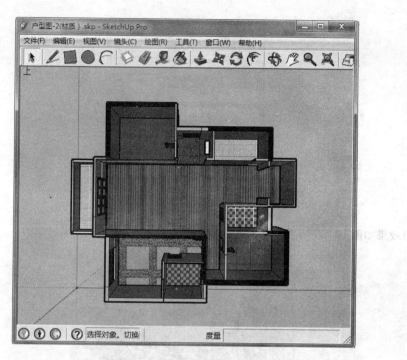

图 10-17 颜料桶处理后的效果

添加家具进行布置，效果如图 10-18 所示。

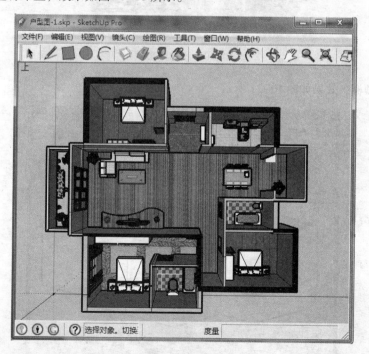

图 10-18 添加家具后的效果

（6）增加阴影效果。选择"窗口→阴影"命令，打开"阴影设置"对话框，调整阴影效果，如图 10-19 所示。

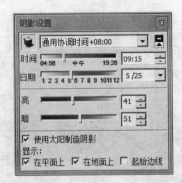

图 10-19 "阴影设置"对话框

阴影效果如图 10-20 所示。

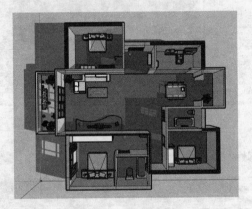

图 10-20 添加阴影效果

(7) 加上顶棚, 效果如图 10-21 所示。

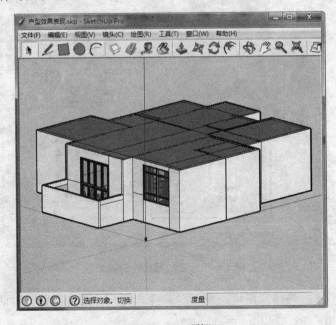

图 10-21 顶棚

（8）导出效果图。选择"文件→导出→二维图形"命令，如图10-22所示。

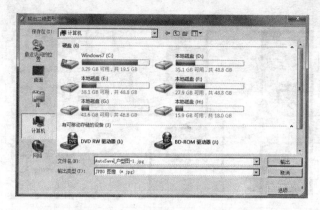

图10-22 "输出二维图形"对话框

单击"选项"按钮，进行设置，如图10-23所示。

单击"确定"按钮，保存退出，查看图片，如图10-24所示。

图10-23 "导出JPG选项"对话框

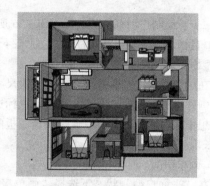

图10-24 保存退出并查看

10.2 "我家我设计"简介

10.2.1 "我家我设计"综述

"我家我设计"智能版软件是由全国家居应用软件行业的第一品牌圆方软件与全国最大整体家具直销网"新居网"研发出的一款完全免费的三维立体家庭装修室内设计软件。

"我家我设计"是一款免费、简单易用的家居效果设计软件，即学即会。V6.5版针对家居设计方面在功能及图库方面都有很大的提升。近万个模型供下载使用，包括桌子、沙发、椅子、洁具、电脑、地板等各类家居配置。完成平面图后可直接输出jpg图片或通过打印机列印彩色图纸，同时系统可生成家具及铺砖数量统计列表。

10.2.2 效果制作实例

1. 自己动手画户型

第一步：分析房型结构，先将整个户型结构拆分成单个户型结构，如图10-25所示。

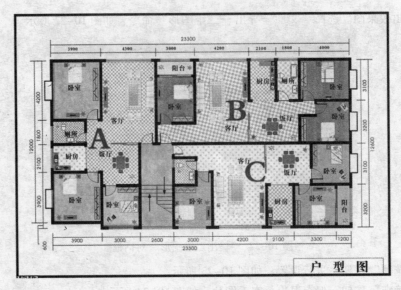

图 10-25 户型结构及户型拆分

第二步：绘制户型框架图，如图 10-26 所示。

（1）自由画墙。在"平面户型"状态下选择"自由画墙"，逐一画墙，并把墙连接起来，绘制户型框架。

① 在画墙时，可以通过键盘直接输入尺寸数字而精确画出墙的长度；

② 画好墙后，选择打断墙，再拖动鼠标选取中间节点来确定另外一段墙的起点；

③ 想增加墙的长度，可以通过编辑面板的延伸来延长墙的长度，或通过拉长墙的端点来拉伸墙的长度。

（2）画单房间。

① 在"平面户型"状态下选择"画单房间"，在左边面板中修改单体房间尺寸；

② 点"更多房型"，可以选择不同房型结构；

③ 通过多个单体房间来逐渐拼凑户型框架。

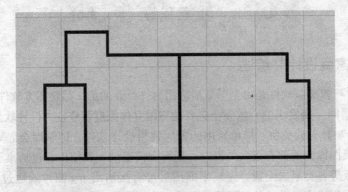

图 10-26 绘制户型框架图

2. 门窗家具的布置

（1）添加门窗

① 选择门窗；

② 调整门窗的具体系数，并放置到指定位置，如图 10-27 和图 10-28 所示。

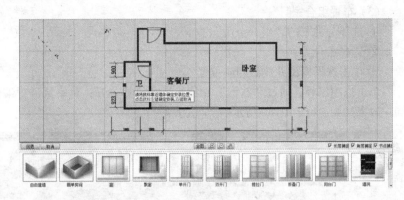

图 10-27 添加门窗　　　　　　　　　　　　　图 10-28 添加门窗

（2）布置家具

① 在家具分类列表中选择相关分类；

② 单击家具模型；

③ 将家具放置相应位置，单击"确定"（在确定前也可通过空格键来调整家具方向）按钮如图 10-29 所示。

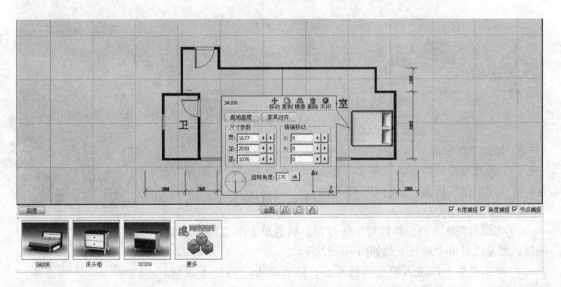

图 10-29 布置家具

④ 通过编辑面板对家具尺寸、位置等做调整。注意调整家具尺寸编辑，大小和离地高度；通过调整 X、Y 的大小可精确移动家具位置；或双击选中家具，然后移动家具位置；或单击家具不放，然后移动家具位置。

输入旋转角度数值或调整方向盘来调整家具方向；选择家具对齐，可指定两个家具对齐方式。

注意：

在二维平面状态下，如吊灯、材质类（瓷砖、马赛克、地板、墙纸、涂料、布艺、木材、石材）等分类模型不能使用，需在三维空间状态下才能使用；家具、材质等的颜色修改也需在三维空间状态下进行。

（3）布置组合家具

① 选择分类下的"组合分类"；

② 选择组合类别；

③ 单击选择模型并放到相应位置。

单击选中家具，通过"打散"功能将组合家具分开；对家具进行编辑调整（编辑调整方式同一般家具），如图 10-30 所示。

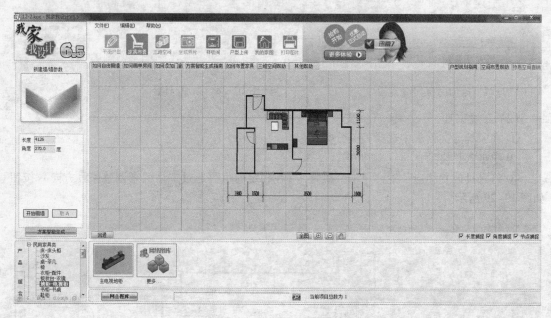

图 10-30　布置组合家具

3. 如何下载家具

（1）选择模型最后面的"更多"图标，或者单击"网上图库"按钮，进入模型图库页面，如图 10-31 所示。

（2）下载模型到软件。

① 在模型图库页面，将模型小框打勾，然后单击下方的"下载"按钮，批量或者单个进行下载如图 10-32 所示。

② 单击模型小图进入模型详情页面，然后单击"直接下载到软件"按钮进行下载如图 10-33 所示。

图 10-31　网上图库

布置好家具效果图，如图 10-34 所示。

（3）给地面加底纹。如果想二维平面户型效果更加好看，可以给地面加上漂亮的底纹。

① 选择编辑菜单下的地面如图 10-35 所示。

图 10-32　模型图库页面

图 10-33　模型详情页面

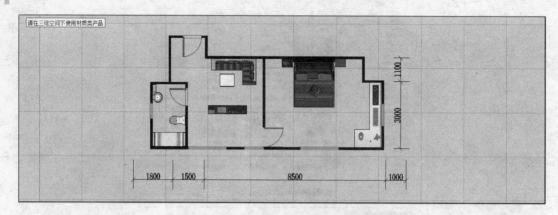

图 10-34　布置好家具效果图

图 10-35　给地面加底纹

② 单击选中预编辑底纹的地面，然后进行设置，如图 10-36 所示。

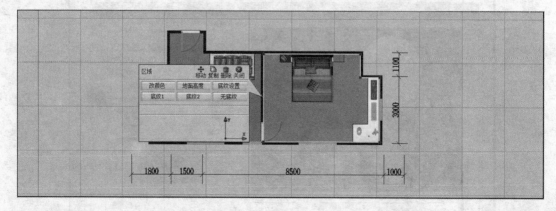

图 10-36　给地面加底纹

③ 给地面加好底纹的效果图，如图 10-37 所示。

图 10-37　给地面加底纹

4. 三维空间

（1）转立体三维：通过按钮功能、家具编辑功能、漫游功能，生成并保存照片，如图10-38所示。

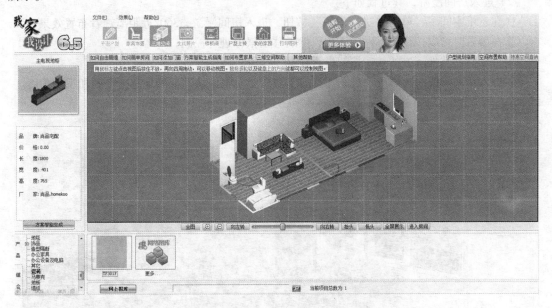

图 10-38　转立体三维

① 按钮功能如下所述：

将视图自动按照最适当大小进行居中排列；

拉进或缩放与视图的距离（感觉视图变大或缩小）；

调整视图方向，可通过左边两个按钮或中间方向条来进行控制；

提高或者调低视角角度；

视图全屏大小显示；

进入房间，可在房间中漫游，更清晰直观地欣赏整体家居布置效果；同时，在进入房间后将增多两个按钮，用来调整视角，也可用来转化三维视觉模式。

② 家具编辑功能。家具编辑功能包括材质编辑和颜色编辑。

在"三维空间"状态下，同"二维平面"状态一样，可以布置和编辑家具，方法同"二维平面"状态下布置家具一样，不过在"三维空间"状态下，家具编辑功能增加了编辑家具表面材质和编辑颜色功能。

材质主要包括以下八大类：瓷砖、马赛克、地板、墙纸、涂料、布艺、木材及石材。

方法一（可编辑材质、颜色）：

选择家具，在弹出的编辑面板中编辑家具材质和颜色；

单击"复制材质到其他表面"后，可将家具材质复制到其他家具上，只要单击目标家具即可。

单击色框图片，在弹出的下拉列表框中选择新的材质，或者改变颜色，即可改变家具材质和颜色。

方法二（只可编辑家具材质）：

单击选中材质；

单击选中家具，即可给家具换上新的材质；

给墙、地面增加或编辑壁纸、瓷砖、地板等操作方法同家具编辑一样。

（2）进入房间漫游，其过程如下：

① 在三维空间下，单击"进入房间"按钮，进入房间漫游，360°近距离观看布置效果；

② 在漫游时可以按住鼠标左键不放，然后移动鼠标进行控制；

③ 可以借助软件下方的功能按钮进行控制、漫游；

④ 进入房间漫游时，即可通过视图框右下角的指示框来快速准确地选择空间和视觉角度。

单击选择视角点，再单击某一处选择视觉方向，如图 10-39 所示。

图 10-39　转立体三维

5. 生成照片

（1）生成照片。在"三维空间"状态下，看到超炫的家居效果，如果想保存下来做纪念，可单击"保存照片"按钮，等待几秒后，一张漂亮的家居相片就出来了，如图 10-40 所示。

（2）保存照片。照片渲染完毕后，可以选择将图片保存在本地计算机，或上传到网上，和网友们一起分享，如图 10-41 所示。

图 10-40 照片生成

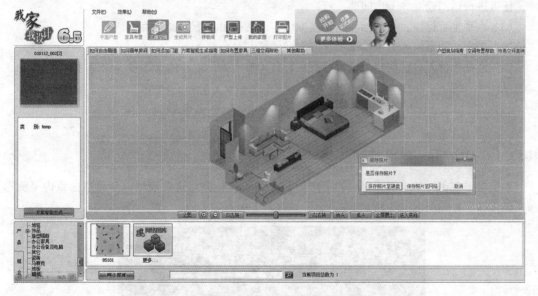

图 10-41 照片保存

（3）上传照片

① 如果选择"保存照片至网络"命令，将弹出"填写信息"对话框。

在填写完相关信息后，单击"确认上传"按钮上传照片到网络。

② 上传有两种方式：输入新居网的账号、密码，单击"上传"按钮（如果没有新居网的账号，可以先注册后再登陆上传）；匿名上传。

6. 个人家园

单击"个人家园"按钮，然后输入新居网的账号、密码，进入新居的网上家园。在个人家园，可以看到上传的布置方案的效果图，同时也可将下载的方案下载到软件进行编辑。

7. 样板间

不同风格，不同户型，海量在线样板间供选择下载。

8. 打印图片

计算机连结打印机终端，单击"打印"按钮，工作视窗下的图片将会被打印出来。

9. 安装门、窗的第二种方式

（1）在准备安装门窗的地方留出相应空间位置；

（2）保证两段墙在同一直线上，而且两段墙断开的空间长度不要过大；

（3）选择门窗将其放在相应预留的位置上。

10. 如何安装飘窗

（1）选择飘窗后，再选择一面墙，单击"确定"按钮；

（2）选择相邻的第二面墙，单击"确定"按钮（两面墙不在同一直线上，相邻且相交）；

（3）移动光标确定飘窗朝向，再单击"确定"按钮，或先单击"确定"按钮，再修改飘窗朝向。

11. 编辑菜单功能

（1）画墙高级设置开启连续画墙功能。勾选该功能下的"显示画墙高级参数设置"，画墙时便可选择"是否连续画墙"。

（2）插入图片描户型。将户型图纸（jpg 格式）导入到软件，再通过软件调整房间到正确大小，便可进行描图建立各个房间。

（3）水平垂直标注、平行标注、角度标注。清楚标出每个位置的大小。

（4）文字。随意输入文字给图纸、方案做注释。

（5）产品报价。自动输出统计家具列表，自动输出统计地砖用量列表。

10.3　3Ds Max 实例

10.3.1　3Ds Max 建模综述

本节学习在 3Ds Max 创建完成的室内场景使用 Vray 渲染。这里使用一套完整的室内平面布局图做为参考，如图 10-42 所示。

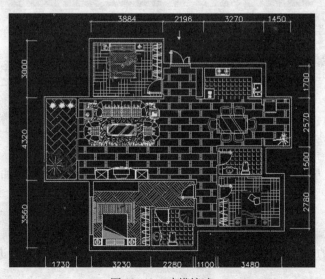

图 10-42　建模综述

在3Ds Max中使用AutoCAD图样创建室内效果图的一般步骤为：

（1）整理AutoCAD图样，并导入3Ds Max。

（2）在3Ds Max中按照图样创建整体结构。

（3）参考AutoCAD平面图和立面图创建装饰性结构或特殊结构。

（4）参考AutoCAD平面图图样，把室内家具和装饰导入到3Ds Max中，并赋予材质贴图。

（5）在3Ds Max布光和放置摄像机确定最终渲染角度。

（6）测试渲染，微调各种对象和渲染参数。

（7）最终产品级渲染，后期修改。

10.3.2　制作过程

本节将按照这个流程，使用10.2节所创建的图纸制作一张客厅的室内效果图。

（1）整理AutoCAD 2012图纸，并导入3Ds Max。

把平面布置图的主体部分以写块方式做成一个新的AutoCAD文件，以便导入到3Ds Max中继续后续操作，如图10-43所示。然后在3Ds Max中把系统单位设定为和AutoCAD 2012统一的毫米，如图10-44所示。

图10-43　制作过程

单位设定完毕后，把写块的AutoCAD 2012图样导入到3Ds Max中，并整理图样。

在整理图样时为了后期操作的方便，一般需要把图样的最左下的建筑点对齐到世界坐标原点。并把图样精简整理，只保留主体结构和家具装饰布局，并把这两部分内容分层管理，如图10-45所示。

（2）在3Ds Max中按照图样结构创建主体墙体结构。

室内建筑建模对于结构墙体的常用建模方法有：使用图形绘制结构，然后添加挤出修改器；直接创建长方体制作墙体。两种方法的使用都需要配合捕捉命令。

这里使用第一种方法创建主体墙体结构。把AutoCAD 2012图样锁定，打开2.5维捕捉，并打开"捕捉到冻结对象"对话框。由于只创建客厅的效果图，因此在绘制图形轮廓时可只绘制客厅部分的结构，如图10-46所示。

图 10-44　系统单位设置

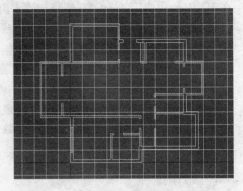

图 10-45　制作过程

　　只制作在客厅中能够见到的结构，如果最终的效果图不包含玄关、厨房和餐厅，甚至可以不把这几个部分的结构制作出来，但是考虑到全局光照的因素，还是创建了这个空间的完整结构，如图 10-46 所示。

　　继续使用图形创建命令，沿着墙体内部结构把地板制作出来，然后将镜像复制到 $Z =$ 2700mm 的位置做天花板，如图 10-47 所示。

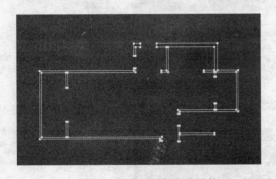

图 10-46　创建空间的完整结构

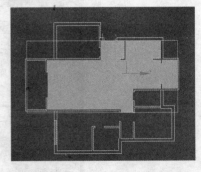

图 10-47　创建地板和天花板结构

　　参考平面图和立面图，把墙体和墙体上的门窗结构制作出来，如图 10-48 所示。

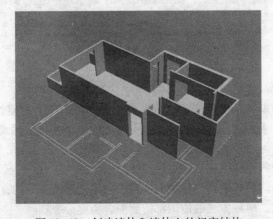

图 10-48　创建墙体和墙体上的门窗结构

　　为了后续操作方便，在创建完毕或导入完毕一个模型后，应立刻把主要的材质和贴图效果制作出来。墙体主体现在是一个完整的整体，如果以后在装饰环节出现各个面不一样的材质效果，比如壁纸使用等情况，可使用多维子材质，或为了模型和材质管理方便，可把整体模型转换为网格模型，然后把各个不一样材质的面分离为新的对象单独操作。在这个场景中电视背景和沙发背景是不一样的壁纸效果，为了以后 UV 设置方便，应采用第二种方法处理这两个面，如图 10-49 所示。

（3）参考 AutoCAD 2012 平面图和立面图创建此结构。

下面按照设计要求把装饰性结构制作出来，比如地脚线、顶角线、背景装饰结构和吊顶等，地脚线的制作使用放样、扫描的命令制作，如图 10-50 所示。顶角线截面效果如图 10-51 所示。整体结构完成如图 10-52 所示。

图 10-49　创建墙体主体结构

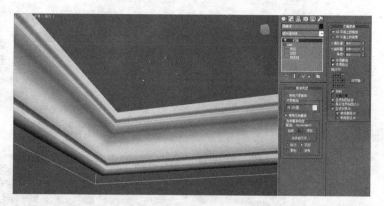

图 10-50　创建整体结构

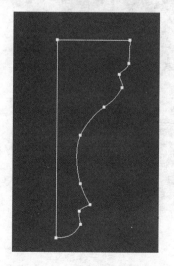

图 10-51　顶角线截面效果

图 10-52　创建整体结构

（4）参考 AutoCAD2012 平面图图样，把室内家具和装饰导入到 3Ds Max 中，并赋予材质贴图。

主体结构和装饰结构制作完毕后，参考平面布置图把模型导入到场景中，并按照实际要求赋予材质贴图，如图 10-53 所示。

（5）在 3Ds Max 中布光和放置摄像机确定最终渲染角度，如图 10-54 所示。

布光的过程尽量按照光源的实际情况去放置。

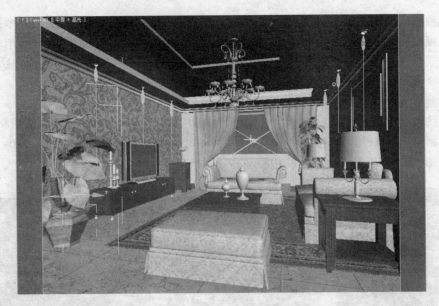

图 10-53　材质贴图

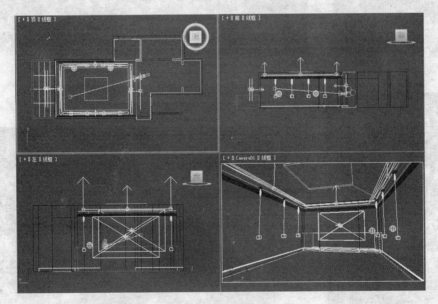

图 10-54　渲染角度

（6）测试渲染，微调各种对象和渲染参数。

下面进入到渲染阶段，首先要对前期设定的材质和灯光参数进行测试，查看配合在一个场景中是否正常，在测试阶段需要全开反射效果和贴图效果，然后打开 GI，测试全局光照效果。

测试阶段帧窗口尺寸使用小尺寸，关闭抗锯齿效果，图像采样使用固定方式，并且 GI 引擎参数使用最小数值，如图 10-55 所示。

得到草图效果，通过草图查看整体效果，判断是否需要继续调整，如图 10-56 所示。

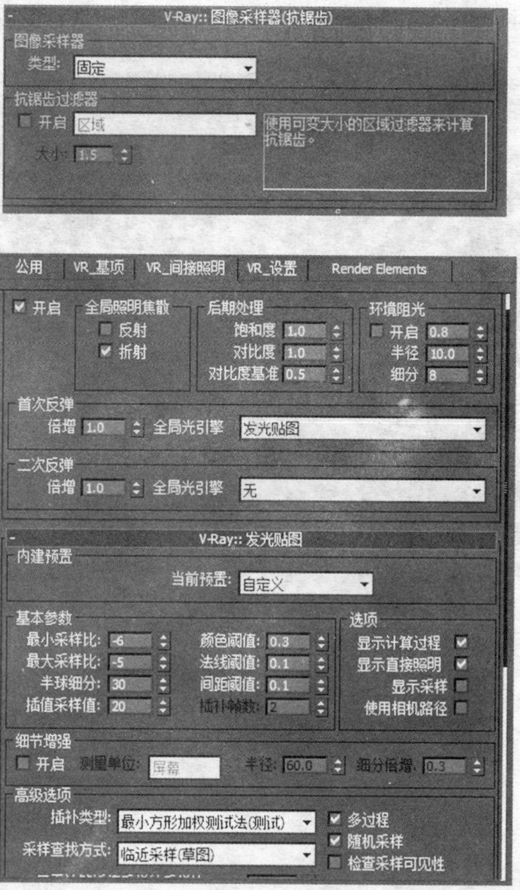

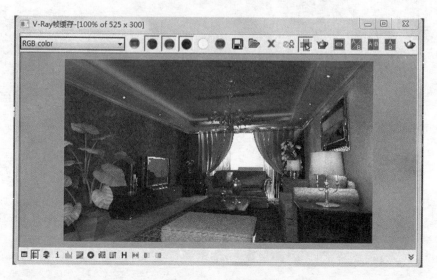

图 10-55 测试渲染

图 10-56 草图效果

（7）最终渲染，后期修改。参数调整完毕后，提高各项参数进行最后渲染。

一般情况下，直接渲染出的图都需要进行后期处理，以提高整体效果，后期处理主要是调整画面锐度、明暗以及对比度、色调的饱和度，甚至通过后期处理替换原图中的部分元素效果，如图 10-57 所示。

图 10-57　最终渲染

第11章 室内设计简介

11.1 概 述

室内设计的基本目的是为人们的生产和生活创造一个良好的室内环境。室内设计的任务就是综合利用技术手段和艺术手段，充分考虑自然环境的影响，利用有利条件，排除不利因素，创造符合人们生产和生活要求，符合生理和心理要求的室内环境，使室内环境舒适化、科学化和艺术化。

对室内设计的评价标准要注重内在品质，须按环境整体优化的标准进行审视，而不是将设计的重点仅仅停留在造型的表面，仅以视觉效果作为评价设计优劣的标准。当今世界，一面是高科技飞速发展，一面是人类生存环境的不断恶化。如何利用高科技手段改善生活环境，提升空间环境质量，做到环境的整体优化是放在每个设计师面前的首要任务。

在进行室内设计的过程中，要始终将建筑的使用功能和精神功能达到理想要求，创建完美统一的使用空间为目标。室内设计的原理是指导室内建筑师进行室内设计时最重要的理论技术依据。

11.2 室内设计的要素

1. 空间要素

空间的合理化并给人们以美的感受是设计的基本任务。要勇于探索时代、技术赋予空间的新形象，不要拘泥于过去形成的空间形象。

2. 色彩要素

室内色彩除对视觉环境产生影响外，还直接影响人们的情绪、心理。科学的用色有利于工作，有助于健康。色彩处理得当既能符合功能要求又能取得美的效果。室内色彩除了必须遵守一般的色彩规律外，还须随着时代审美观的变化而有所不同。

3. 光影要素

人类喜爱大自然的美景，常常把阳光直接引入室内，以消除室内的黑暗感和封闭感，特别是顶光和柔和的散射光，使室内空间更为亲切自然。光影的变换，使室内更加丰富多彩，给人以多种感受。

4. 装饰要素

室内整体空间中不可缺少的建筑构件，如柱子、墙面等，结合功能需要加以装饰，可共同构成完美的室内环境。充分利用不同装饰材料的质地特征，可以获得千变万化和不同风格的室内艺术效果，同时还能体现地区的历史文化特征。

5. 陈设要素

室内家具、地毯、纺织品等，均为生活必需品，其造型往往具有陈设特征，大多起着装饰作用。实用和装饰二者应互相协调，使得功能和形式统一而有变化，并使室内空间舒适得体富有个性。

6. 绿化要素

室内设计中，绿化已成为改善室内环境的重要手段。室内移花栽木，利用绿化和园林小品以沟通室内外环境，对扩大室内空间感及美化空间均起着积极作用。

室内设计要素包括：设计主体——人；设计构思；理想室内空间创造。

人是室内设计的主体。室内空间的创造目的就是满足人的生理需求，其次是心理因素的要求。两者区分主次，但是密不可分，缺一不可。因此室内设计原理就是围绕人的活动规律，制定出的理论。其内容包括空间使用功能的确定，人的活动流线分析，室内功能区分和虚拟界定以及人体尺寸等。

设计构思是室内设计活动中的灵魂。一套好的建筑室内设计，应是通过实用、有效的设计构思方法得到的。好的构思，能够给设计提供丰富的创意和无限的生机。构思的内容和阶段包括：初始阶段、深化阶段、设计方案的调整以及对空间创造境界升华时的各种处理规则和手法。

理想室内空间创造是一种以严格科学技术建立的完备使用功能，兼有高度审美法则创造的诗话意境，其标准有两个：① 对于使用者它应是使用功能和精神功能达到完美统一的理想生活环境；② 对于空间本身它应是具有形、体、质高度统一的有机空间构成。

人的活动决定了室内设计的目的和意义，人是室内环境的使用者和创造者。有了人，才区分出了室内和室外。

人的活动规律之一是动态和静态交替进行：动态 - 静态 - 动态 - 静态……

人的活动规律之二是个人活动和多人活动交叉进行。

人们在室内空间活动时，按照一般的活动规律，可将活动空间分为三种功能区：静态功能区；动态功能区；动静双重功能区。

根据人们的具体活动行为，又将有更加详细的划分，例如：静态功能区又将划分为睡眠区、休息区、学习办公区。动态功能区又将划分为运动区、大厅。动静双重功能区又将划分为会客区、车站候车室、生产车间等。

同时，要明确使用空间的性质。其性质通常是由其使用功能决定的。虽然许多空间中设置了其他使用功能的设施，但要明确其主要的使用功能。如在起居室内设计酒吧台、视听区等，但其主要功能仍是起居室的性质。

空间流线分析是室内设计中的重要步骤，其目的为：明确空间主体——人的活动规律和使用功能的参数，如数量、体积、常用位置等；明确设备和物品的运行规律、摆放位置、数量、体积等；分析各种活动因素的平行、互动、交叉关系。

经过设计主体—人；设计构思；理想室内空间创造三部分的分析，提出初步设计思路和设想。

空间流线分析从构成情况上可分为水平流线和垂直流线；从使用状况上可分为单人流线和多人流线；从流线性质上可分为单一功能流线和多功能流线。

11.3　室内设计的基本原则

人们进行室内设计活动必须遵循一定的基本原则：功能、技术、形式等，它包含了技术与艺术的综合内容，确立了室内设计的目的性与基本原理。

1. 室内设计要满足使用功能要求

室内设计是以创造良好的室内空间环境为宗旨，把满足人们在室内进行生产、生活、工作、休息的要求置于首位，所以在室内设计时要充分考虑使用功能要求，使室内环境合理化、舒适化、科学化；要考虑人们的活动规律，处理好空间关系、空间尺寸、空间比例；合理配置陈设与家具，妥善解决室内通风、采光与照明，注意室内色调的总体效果。

2. 室内设计要满足精神功能要求

室内设计在考虑使用功能要求的同时，还必须考虑精神功能的要求（视觉反映、心理感受、艺术感染等）。室内设计的精神就是要影响人们的情感，乃至影响人们的意志和行动，所以要研究人们的认识特征和规律，研究人的情感与意志，研究人和环境的相互作用。设计者要运用各种理论和手段去冲击影响人的情感，使其升华达到预期的设计效果。室内环境如能突出的表明某种构思和意境，将会产生强烈的艺术感染力，更好地发挥其在精神功能方面的作用。

3. 室内设计要满足现代技术要求

建筑空间的创新和结构造型的创新有着密切的联系，二者应取得协调统一，充分考虑结构造型中美的形象，把艺术和技术融合在一起。这就要求室内设计者必须具备必要的结构类型知识，熟悉和掌握结构体系的性能、特点。现代室内装饰设计已置身于现代科学技术的范畴之中，要使室内设计更好地满足精神功能的要求，就必须最大限度的利用现代科学技术的最新成果。

4. 室内设计要符合地区特点与民族风格要求

由于人们所处地区、地理气候条件的差异，各民族生活习惯与文化传统的不同，因此在建筑风格上存在着很大差别。我国是多民族的国家，由于各个民族的地区特点、民族性格、风俗习惯以及文化素养等因素的差异，使室内装饰设计也有所不同。设计要有各自不同的风格和特点，要体现民族和地区特点以唤起人们的民族自尊心和自信心。

11.4　室内设计构思

1. 初始阶段

室内设计的构思在设计的过程中起着举足轻重的作用。因此在设计初始阶段，就要进行一系列的构思设计，使后续工作能够有效、完美地进行。构思的初始阶段主要包括以下几个内容。

（1）空间性质·使用功能。室内设计是在建筑主体完成后的原型空间内进行。因此，室内设计的首要工作就是认定原型空间的使用功能，也就是原型空间的使用性质。

（2）水平流线组织。当原型空间认定后，第一步是做流线分析和组织，包括水平流线和垂直流线。流线功能按需要，可能是单一流线也可能是多种流线。

（3）功能分区图式化。空间流线组织后，即进行功能分区图式化布置，进一步接近平面布局设计。

（4）图式选择。选择最佳图式布局作为平面设计的最终依据。

（5）平面初步组合。经过前面几个步骤操作，最后形成空间平面组合形式，但有待进一步深化。

2. 深化阶段

经过初始阶段的室内设计构成了最初构思方案，在此基础上进行构思深化阶段的设计。

构思深化是室内设计的基石，是整个空间的结构技术、各部分室内空间的格调、气氛和特色的有机结合与统一。

结构技术对室内设计构思的影响，主要表现在两个方面：一是原型空间墙体结构方式，二是原型空间屋顶（屋盖）结构方式。

原型空间墙体结构方式关系到室内设计内部空间改造的饰面采用的方法和材料。基本的原型空间墙体结构方式有以下四种：板柱墙、砌块墙、柱间墙和轻隔断墙。

　　原型空间屋顶（屋盖）结构方式关系到室内设计的顶棚做法，屋盖结构主要分为：构架结构体系、梁板结构体系、大跨度结构体系和异型结构体系。

　　另外，室内设计要考虑建筑所用材料对设计内涵和色彩、光影、情趣的影响，对室内外露管道和布线处理的影响，对通风条件、采光条件、噪声、空气清新和温度的影响等。

　　随着人们对室内设计要求的提高，还要结合个人喜好，定好室内设计的格调。一般人们对室内格调的要求有三种类型：现代新潮观念、怀旧情调观念、随意舒适观念（折中型）和创造理想室内空间。

　　经过初始阶段和深化阶段的设计，室内设计已形成较完美的设计方案。创建室内空间的第一个标准就是要使其具备形态、体量、质量，即形、体、质三个方向的统一协调。第二个标准是使用功能和精神功能的统一。如在住宅的书房中除了布置写字台、书柜外，还布置了盆栽等装饰物，使室内空间在满足书房使用功能的同时，也活跃了气氛，净化了空气，满足了人们的精神需要。

　　一个完美的室内设计作品，是经过初始阶段构思和深化阶段构思，最后又通过设计师对各种因素和功能的协调平衡，创造出来的。要提高室内设计的水平，就要综合利用各个领域的知识，进行深入的构思设计。最终室内设计方案形成最基本的图纸方案。一般包括：设计平面图、设计剖面图和室内透视图。

　　一套完整的室内设计图样一般包括室内平面图、室内顶棚图、室内立面图、室内构造详图和透视图。下面简述各种图样的概念及内容。

　　（1）室内平面图。是以平行于地面的切面在距地面 1.5 mm 左右的位置将上部切去而形成的正投影图。室内平面图中应表达的内容有以下几方面。

　　① 墙体、隔断、门窗、各空间大小及布局、家具陈设、人流交通路线、室内绿化等；若不单独绘制地面材料平面图，则应在平面图中表示地面材料。

　　② 标注各房间尺寸、家具陈设尺寸及布局尺寸，对于复杂的公共建筑，则应标注轴线编号。

　　③ 注明地面材料名称及规格。

　　④ 注明房间名称、家具名称。

　　⑤ 注明室内地坪标高。

　　⑥ 注明详图索引符号、图例及立面内视符号。

　　⑦ 注明图名和比例。

　　⑧ 需要辅助文字说明的平面图，还要注明文字说明、统计表格等。

　　（2）室内顶棚图。是根据顶棚在其下方假想的水平镜面上的正投影绘制而成的镜像投影图。顶棚图中应表达的内容有以下几方面。

　　① 顶棚的造型及材料说明；

　　② 顶棚灯具和电器的图例、名称规格等说明；

　　③ 顶棚造型尺寸标注、灯具、电器的安装位置标注；

　　④ 顶棚标高标注；

　　⑤ 顶棚细部做法的说明；

　　⑥ 详图索引符号、图名、比例等。

　　（3）室内立面图。以平行于室内墙面的切面将前面部分切去后，剩余部分的正投影图即为室内立面图。立面图的主要内容有以下几方面。

　　① 墙面造型、材质及家具陈设在立面上的正投影图；

　　② 门窗立面及其他装饰元素立面；

③ 立面各组成部分尺寸、地坪吊顶标高；

④ 材料名称及细部做法说明；

⑤ 详图索引符号、图名、比例等。

（4）室内构造详图。为了放大个别设计内容和细部做法，多以剖面图的方式表达局部剖开后的情况，这就是室内构造详图。表达的内容有以下几方面。

① 以剖面图的绘制方法绘制出各材料断面、构配件断面及其相互关系；

② 用细线表示出剖视方向上看到的部位轮廓及相互关系；

③ 标出材料断面图例；

④ 用指引线标出构造层次的材料名称及做法；

⑤ 标出其他构造做法；

⑥ 标注各部分尺寸；

⑦ 标注详图编号和比例。

（5）透视图。是根据透视原理在平面上绘制出能够反映三维空间效果的图形，它与人的视觉空间感受相似。室内设计常用的绘制方法有一点透视、两点透视（成角透视）、鸟瞰图三种。

透视图可以通过人工绘制，也可以应用计算机绘制，它能直观表达设计思想和效果，故也称作效果图或表现图，是一个完整的设计方案不可缺少的部分。

11.5　室内设计与人机工程学

11.5.1　室内设计与人机工程学

人机工程学又称人体工程学、人类工效学、人类工程学、工程心理学、宜人学等。人机工程学起源于英国，形成于美国。最初是在工业革命时期，开始大量生产和使用机械设施情况下，探求人和机械之间的关系，这是该学科发展的第一阶段。第二次世界大战期间，由于战争的需要许多国家根据生理学、心理学、人体测量学、生物学等学科分析研究"人的因素"，从而大力发展效能高、威力大、设计操纵合理的新式武器和装备，这是该学科发展的第二阶段。在其发展的第三阶段，由于战争结束，人体工程学迅速渗透到空间技术、工业生产和建筑设计中。1960 年国际人体工程协会创建。在建筑室内环境设计中，人体工程学也起着至关重要的作用。

室内设计的主要目的是要创造有利于人们身心健康和安全舒适的工作、生产和生活、休息环境。人体工程学就是为这一目的服务的一门系统学科。

（1）研究人在某种工作中的解剖学、生理学、心理学等方面的各种因素；

（2）研究人和机器及环境的相互作用；

（3）研究在工作中、生活中怎样统一考虑工作效率、人的健康、安全和舒适等问题。

要创造这样一种和谐宜居的室内环境，应采用科学的方法和手段进行相关设计，目前采用的手段主要为"关于人体尺度和人类生理及心理要求"两个方面。

这两个方面各国都有自己合理的数值系列及判断资料。除此之外，还有一个相关的问题，就是人体空间的构成，它包括以下三方面。

1. 体积

所谓体积是指人体活动的三维范围，这个范围每个国家、民族以至每个人之间的人体尺度测量标准不尽相同，因此决定了三维空间量的差异。所以人机工程学所采用的数值都是平均值，此外还有偏差值，以供设计人员参考使用。

2. 位置

所谓位置是指人体在室内的"静点"，个人和群体的生活习俗、生产方式以及工作习惯与静点的确定有直接关联，主要取决于"视觉定位"。由于中西方差距较大，因此定位也受到影响。

另外，人的生活、工作要求在不同地点和特定环境对定位也有很大影响，所以定位又有一定的弹性。

3. 方向

所谓方向是指人的"动向"，这种动向受生理和心理两方面的制约。

11.5.2　人机工程学研究的主要内容

人机工程学研究的主要内容大致分为以下三方面。

（1）工作系统中的人，这部分又可分为人体尺寸、信息的感受和处理能力、运动的能力、学习的能力。

（2）工作系统中直接由人使用的机械部分如何适应人的使用。这部分又可分为以下三类。

显示器：仪表、信号、显示屏。

操纵器：各种机具的操纵部分，杆、钮、盘、轮、踏板等。

机具：家具、设备等。

（3）环境控制，如何适应人的使用。

普通环境：建筑与室内空间环境的照明、温度、湿度控制等。

特殊环境：冶金、化工、采矿、航空、宇宙和极地探险等行业，有时会遇到极特殊的环境：高温、高压、振动、噪声、辐射和污染等。

在进行人机工程学研究时要遵循以下原则：

① 物理的原则。如杠杆、惯性定律、重心原理，在人机工程学中也适用。

② 生理因素、心理因素兼顾原则。人机工程学必须了解人的结构，除了生理因素，还要了解心理因素。

③ 考虑环境的原则。人—机关系并不是单独存在的，它存在于具体的环境中，单独地研究人、研究机械、研究环境，再把它们和起来，这种方式不是在研究人机工程学。

11.5.3　人机工程学在室内设计中的应用

（1）确定人和人际在室内活动所需的空间。主要依据人机工程学中的有关计测数据，从人的尺度、动作域以及人际交往的空间等，来确定空间范围。

（2）确定家具和设施的形体、尺寸及其使用范围的主要依据。家具设施为人所使用，因此它们的形体、尺寸必须以人体尺度为主要依据；同时，人们为了使用这些家具和设施，其周围必须留有活动和使用的最小余地。

（3）提供适应人体的室内物理环境的最佳参数。室内物理环境主要有室内热环境、声环境、光环境、重力环境、辐射环境等，有了上述要求的科学参数后，在室内设计时就有可能有正确的决策。

（4）对视觉要素的计测为室内视觉环境设计提供了科学依据。人眼的视力、视野、光觉、色觉是视觉的要素，人机工程学通过计测得到的数据，对室内光照设计、室内色彩设计、视觉最佳区域等提供了科学的依据。

11.5.4 人的行为心理与空间环境

1. 人的行为特征

人的行为特征因人类社会的复杂多样，受其各种因素的影响，诸如文化、社会制度、民族、地区等，故呈现出复杂多样的行为特征。

（1）心理空间。人们并不仅仅以生理的尺度去衡量空间范围，对空间的满意程度及使用方式还决定于人们的心理尺度，这就是心理空间。

（2）个人空间。每个人都有自己的个人空间，这是直接在每个人周围的空间，通常是具有看不见的边界，在边界以内不允许"闯入者"进来。它可以随着人移动，它还具有灵活的收缩性。

个人空间的存在可以有很多的证明。例如，在一群交谈的人中、在图书馆中、在公共汽车上或公园中、在人行道上等。人与人之间的密切程度就反映在个人空间的交叉和排斥上。

（3）领域性。"领域性"是从动物的行为研究中借用过来的，它是指动物的个体或群体常常生活在自然界的固定位置或区域，各自保持自己一定的生活领域，以减少对于生活环境的相互竞争，这是动物在生存进化中演化出来的行为特征。

人也具有"领域性"，来自于人的动物本能，但与动物不同。因为"领域性"对人已不再具有生存竞争的意义，而更多的是心理上的影响。

与"个人空间"所不同的是，"领域性"并不表现为随着人移动的特点，它倾向于一块个人可以提出某种要求承认的"不动产"，"闯入者"将遇到不快。

领域性在日常生活中是常见的，如办公室中自己的座位，住宅门前的一块区域等。

（4）人际距离。人与人之间距离的大小取决于人们所在的社会集团（文化背景）和所处情况的不同。熟人还是生人，不同身份的人，人际距离都不一样。克拉克 L. 赫尔把人际距离分为四种：密友、普通朋友、社交、其他人。

2. 人在空间中的定位

即使是偶然地观察在公共场合等待的人们，也会发现人们确实在可能占据的整个空间中均匀地散布着，他们不一定在最适合上车的或干其他事的地方等候。

（1）斯梯里思观察了伦敦地铁各个车站候车的人以及剧场、门厅的人，发现人们总愿意站在柱子附近并远离人们行走路线的地方。在日本，卡米诺在铁路车站进行了类似的研究。

从这些研究中可以看出人们总是设法站在视野开阔而本身又不引人注意的地方，并且不至于受到行人的干扰。

（2）在选择餐馆的座位时，人们愿意坐靠边的桌子而不是中间的桌子。

3. 空间环境与人际交流

人类的行为模式与空间的构成有着密切关系，在这类研究中，最早是由费思汀格等进行的。他们研究了在空间不同布局中发生的人际交流的类型，他们发现那些位于住宅群体布局中央的人有较多的朋友，类似的研究也在办公室、教室及其他地点进行。

4. 捷径效应

所谓捷径效应是指人在穿过某一空间时总是尽量采取最简洁的路线，即使有其他因素的影响也是如此。观众在典型的矩形穿过式展厅中的行为模式与其步行街中的行为模式十分相仿。观众一旦走进展览室，就会停在头几件作品前，然后逐渐减少停顿的次数直到完成观赏活动。由于运动的经济原则（少走路），因此只有少数人完成全部的观赏活动。

从上述的研究可以看出，在人与人之间的相互作用、人的行为方式中，空间环境的形态起着很大的影响作用，正如阿尔特曼指出的："可以认为空间的使用既由人决定，同时又决定人的行为"。

11.6　室内设计知识准备

室内设计需要掌握的知识可说是学科交叉，广博全面。为此，在室内教学实训环节中开展的教学内容应该涵盖以下九个方面。

1. 手绘表现图技法介绍

介绍建筑装饰绘图的基本原理，详细讲解透视图、施工图、效果的画法，学完后学生能够将自己的设计构思准确、精细地绘制出来。

2. 装饰预算

讲述装饰工程预算定额的性质、作用、原理；装饰工程预算编制、装饰预算。

3. 制图与识图

介绍学习绘图与读图，培养学生空间想象和空间思维能力。

4. 空间设计

讲述空间设计的基本理论，并通过介绍古今中外颇具代表性且能体现各种设计风格的实例，来培养学生空间思想概念，培养学生借鉴中外各种设计实例形成自己设计风格。

5. 装饰构造

装饰构造是实施装饰工程的具体方法，装饰构造设计是装饰设计的重要内容。主要介绍装饰构造设计适用范围：地面装饰构造、墙面装饰构造、室内顶棚装饰构造、室内其他装饰构造、特种装饰构造、室外门面装饰构造、室外设计的特殊部位的装饰构造、室外装饰环境设施的装饰构造等。

6. 施工工艺与材料

介绍装饰材料的基本知识，并详细讲述各种装饰材料的性能、特点及目前装饰材料的发展状况及施工的工艺流程，学完后学员能将自己的设计图纸转化成具有施工价值的装饰工程，不致于纸上谈兵。

7. AutoCAD

通过介绍 AutoCAD 软件在室内设计领域的基本用途、基本操作方式，通过多种有代表性的室内设计案例的图纸绘制，使所有学员基本掌握利用计算机及应用软件绘制构思好的室内设计平面图、立面图等技能。

8. 3DMax

介绍 3DMax 软件在建筑效果中的操作知识、操作技巧及在室内设计方面的用途，并详细讲述有代表性的室内设计部件绘制，学成后学员能将自己的创意通过该软件绘制成活生生的整体或局部效果图。

9. Photoshop

主要介绍该软件对室内设计效果图的后期处理及操作方法，包括灯光、色彩、照明等方面。

附　　录

附录 A　AutoCAD 命令组合键大全

命　　令	说　　明
1	刷新所有视图/打开虚拟现实数字键盘
2	虚拟视图向下移动数字键盘/显示/隐藏工具条
3	显示/隐藏命令面板/虚拟视图向左移动数字键盘
4	显示/隐藏浮动工具条/虚拟视图向右移动数字键盘
5	根据名字显示隐藏的物体
6	冻结所选物体/虚拟视图向中移动数字键盘
7	全部解冻/虚拟视图缩小数字键盘
8	虚拟视图放大数字键盘
9	实色显示场景中的几何体（开关）
F1	获取帮助
F2	实现作图窗和文本窗口的切换/编辑时间模式
F3	全部视图显示所有物体/控制是否实现对象自动捕捉/编辑区域模式
F4	数字化仪控制/显示几何体外框（开关）/位置区域模式
F5/F	函数（Function）曲线模式/约束到 X 轴/等轴测平面切换
F6	控制状态行上坐标的显示方式/约束到 Y 轴
F7	约束到 Z 轴/栅格显示模式控制
F8	正交模式控制/在 xy/yz/zx 锁定中循环改变
F9	用前一次的配置进行渲染/栅格捕捉模式控制
F10	极轴模式控制/渲染配置
F11	对象追踪式控制/脚本编辑器
F12	精确输入转变量
−	向下轻推网格小键盘
,	下一时间单位
.	上一时间单位
/	播放/停止动画
[	视窗交互式放大
\	声音（开关）
]	视窗交互式缩小
_	减小动态坐标
+	向上轻推网格小键盘/加大动态坐标
<	上一时间单位
>	下一时间单位

续表

命　令	说　明
↑	向下移动高亮显示
→	向右轻移关键帧
↓	向上移动高亮显示
←	向左轻移关键帧
3A	三维阵列
3F	画石头线
3P	整体线段
A	绘圆弧/加入（Add）关键帧/角度捕捉（开关）
B	定义块/改变到底（Bottom）视图
C	画圆/改变到相机（Camera）视图
D	尺寸资源管理器/绘制（Draw）区域/当前视图暂时失效
E	删除/编辑（Edit）关键帧模式/等比例缩放材质点
F（Front）	改变到前视图/倒圆角
G	对相组合/显示/隐藏网格（Grids）
H	根据名字选择子物体/填充/根据名称选择物体
I	插入/交互式平移视图
J	显示/隐藏所选物体的支架
K	改变到后视图
L	直线
M	移动/材质（Material）编辑器
N	动画模式（开关）
O	偏移/展开对象（Object）切换/显示降级适配（开关）
P	移动/改变到透视（Perspective）图/初始化
Q	移动材质点/累积计数器
R	改变到右（Right）视图/渲染（Render）
S	拉伸/像素捕捉/打开/关闭捕捉（Snap）
T	展开轨迹（Track）切换/文本输入/改变到上（Top）视图
U	恢复上一次操做/改变到等大的用户（User）视图/更新
V	设置当前坐标
W	定义块并保存到硬盘中/旋转材质点/最大化当前视图（开关）
X	激活动态坐标（开关）/炸开
Y/2	显示/隐藏工具条
Z	缩放/放大镜工具/撤销场景操作/缩放（Zoom）工具
空格	锁定所选顶点/选择锁定（开关）/锁定所选物体/锁定2D所选物体/锁定工具栏
AA	测量区域和周长（area）
AL	对齐（align）

续表

命　令	说　　　明
AP	加载 * lsp 程系
AR	阵列（Array）
AV	打开视图对话框（Dsviewer）
BH	边界填充
BO	创建边界
BR	打断
CH	特性面板
CHA	倒直角
CO	复制
DAL	斜线标注
DAN	角度标注
DBA	层级标注
DC	设计中心
DCE	标注圆心
DCO	连续标注
DDI	直径标注
DED	编辑标注
DEL	删除物体
DI	测量两点间的距离
DIV	定数等分
DLE	直线标注
DO	实圆环
DR	显示顺序
DRA	半径标注
DS	草图设计
DT	文本的设置（Dtext）
DV	相机
ED	文字修改
EL	椭圆
END	跳到最后一帧
EX	延伸
HE	填充修改
HI	重新生成
HOME	跳到第一帧
Ins	循环改变子物体层级
LE	快速引线

命　令	说　明
LEN	延长
LOL	多边形
MA	格式刷
ME	定距等分
MI	镜像
ML	双线
MO	特性
NT	文字格式
Nurbs	NURBS 编辑
OI	插入外部对相
PageDown	选择子物体
PageUP	选择父物体
PL	多段线
RE	重新生成
Reactor	反应堆（Reactor）
REG	创面域
RO	旋转
RR	渲染
SC	缩放比例（Scale）/比例缩放
Schematic	示意（Schematic）视图
SE	打开对相自动捕捉对话框
SN	栅格捕捉模式设置（Snap）
SO	绘制二围面（2dsolid）
SP	拼音的校核（Spell）
SPL	样条曲线
ST	打开字体设置对话框（Style）/文字样式
TB	插入表格
TR	剪切
XI	构造线
Alt + 1	显示第一个工具条
Alt + 3	显示/隐藏主要工具栏
Alt + A	排列
Alt + B	视图背景（Background）
Alt + F	全部解冻（UnFreeze）
Alt + H	全部取消隐藏（UnHide）
Alt + I	设置最小影响（Influence）

续表

命　令	说　明
Alt + L∕trl + 4	NURBS 面显示方式切换
Alt + N	法线（Normal）对齐/CV 约束法线（Normal）移动
Alt + O	锁定用户界面（开关）
Alt + U	CV 约束到 U 向移动
Alt + V	CV 约束到 V 向移动
Alt + X	透明显示所选物体（开关）
Alt + 空格	循环通过捕捉点
Alt + Ctrl + B	背景锁定（开关）
Alt + Ctrl + C	建立（Create）反应（Reaction）
Alt + Ctrl + D	删除（Delete）反应（Reaction）
Alt + Ctrl + F	取回（Fetch）场景
Alt + Ctrl + H	暂存（Hold）场景
Alt + Ctrl + S	编辑状态（State）切换
Alt + Ctrl + V	设置影响值（Value）
Alt + Ctrl + W	焊接（Weld）所选的材质点
Alt + Ctrl + Z	缩放范围/将 Unwrap 视图扩展到全部显示
Alt + Ctrl + 空格	偏移捕捉
Alt + Shift + C	转换到 Curve 层级/转换到控制点（ControlPoint）层级
Alt + Shift + I	转换到 Imports 层级
Alt + Shift + P	转换到 Point 层级
Alt + Shift + S	转换到 Surface 层级/到格点（Lattice）层级
Alt + Shift + T	转换到上一层级
Alt + Shift + V	转换到 SurfaceCV 层级
Alt + Shift + Z	转换到 CurveCV 层级
Alt + Shift + Ctrl + B	刷新背景图像（Background）/水平翻转
Alt + Shift + Ctrl + F	从堆栈中获取面选集
Alt + Shift + Ctrl + I	水平缩放
Alt + Shift + Ctrl + J	水平移动
Alt + Shift + Ctrl + K	垂直移动
Alt + Shift + Ctrl + L	调用 ∗.uvw 文件
Alt + Shift + Ctrl + M	更新贴图（Map）/垂直镜象
Alt + Shift + Ctrl + N	水平镜象
Alt + Shift + Ctrl + O	垂直缩放
Alt + Shift + Ctrl + R	到设置体积（Volume）层级/平面贴图面/重设 UVW
Alt + Shift + Ctrl + S	保存 UVW 为 ∗.uvw 格式的文件
Alt + Shift + Ctrl + V	垂直（Vertical）翻转/从面获取选集

命　令	说　明
Alt + Shift + Ctrl + Z	将 Unwrap 视图扩展到所选材质点的大小
Ctrl + ↑	选择 V 向的下一点/向上收拢
Ctrl + →	选择 U 向的下一点
Ctrl + ↓	选择 V 向的前一点/向下收拢
Ctrl + ←	选择 U 向的前一点
Ctrl + 0	打开一个 MAX 文件
Ctrl + 1	打开特性对话框/NURBS 调整方格 1
Ctrl + 2	NURBS 调整方格 2/打开图象资源管理器
Ctrl + 3	NURBS 调整方格 3
Ctrl + 6	打开图像数据原子
Ctrl + A	回到上一场景作/加入（Add）新的项目
Ctrl + B	栅格捕捉模式控制（F9）/子物体选择（开关）/打断（Break）选择点
Ctrl + C	将选择的对象复制到剪切板上/匹配到相机（Camera）视图
Ctrl + D	分离（Detach）边界点/显示控制点（Dependents）
Ctrl + E	编辑（Edit）当前事件/是否显示几何体内框（开关）进入编辑（Edit）UVW 模式
Ctrl + F	循环改变选择方式/控制是否实现对象自动捕捉（f3）加入过滤器（Filter）项目/冻结（Freeze）所选材质点
Ctrl + G	栅格显示模式控制（F7）
Ctrl + H	放置高光（Highlight）/根据名字选择本物体的子层级隐藏（Hide）所选材质点
Ctrl + I	设置最大影响（Influence）/显示最后一次渲染的图画加入输入（Input）项目
Ctrl + J	重复执行上一步命令
Ctrl + K	超级链接
Ctrl + L	加入图层（Layer）项目/显示格子（Lattices/默认灯光（开关）
Ctrl + M	打开选项对话框
Ctrl + N	新建图形文件/新的场景/新（New）的序列
Ctrl + O	Unwrap 的选项（Options）/打开图像文件/加入输出（Output）项目
Ctrl + P	打开打印对话框/平移视图
Ctrl + R/V	旋转（Rotate）视图模式/执行（Run）序列
Ctrl + S	保存文件/加入场景（Scene）事件/柔软所选物体/保存（Save）文件
Ctrl + T	显示工具箱（Toolbox）/贴图材质（Texture）修正
Ctrl + U	极轴模式控制（F10）
Ctrl + V	粘贴剪贴板上的内容
Ctrl + W	对象追踪式控制（F11）/焊接（Weld）到目标材质点/根据框选进行放大
Ctrl + X（FFD）	转换降级 FFD/专家模式 &#0；全屏（开关）/剪切所选择的内容
Ctrl + Y	重做/撤销/返回上一步操作
Ctrl + Z	取消前一步的操作/撤消场景操作/框选放大 Unwrap 视图

命　令	说　明
Ctrl + 空格	过滤选择面
Shift + −	视窗缩小两倍 + 数字键盘
Shift + +	视窗放大两倍 + 数字键盘
Shift + 4	改变到光线视图
Shift + A	回到上一视图操作
Shift + B	用方框（Box）快显几何体（开关）
Shift + C	显示/隐藏相机（Cameras）
Shift + E/F9	用前一次的参数进行渲染
Shift + F	显示/隐藏安全框
Shift + G	显示所有视图网格（Grids）（开关）
Shift + H	显示/隐藏帮助（Helpers）物体
Shift + I	间隔放置物体
Shift + L	显示/隐藏光源（Lights）
Shift + O	显示/隐藏几何体（Geometry）
Shift + P	显示/隐藏粒子系统（ParticleSystems）
Shift + Q	快速（Quick）渲染
Shift + W	显示/隐藏空间扭曲（SpaceWarps）物体
Shift + Z	撤销视图操作
Shift + R/F10	渲染配置
Shift + 空格	缩放到 Gizmo 大小
Shift + Ctrl + A	适应透视图格点
Shift + Ctrl + C	显示曲线（Curves）
Shift + Ctrl + P	百分比（Percent）捕捉（开关）
Shift + Ctrl + S	显示表面（Surfaces）
Shift + Ctrl + T	显示表面整齐（Trims）
Shift + Ctrl + Z	视窗缩放到选择物体范围（Extents）

附录 B　序列号和产品密钥可登陆欧特克学生设计联盟网站申请程序

第一步：登陆欧特克学生设计联盟网站。

第二步：填写注册信息；

第三步：账户激活

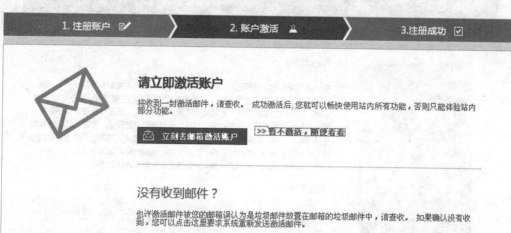

第四步：注册成功后登陆

第五步：选择下载产品

第六步：选择下载版本及平台

第七步：获取序列号及密钥

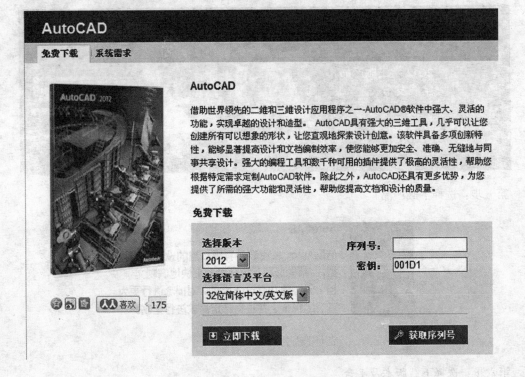

附录 C 中华人民共和国国家标准 AutoCAD 工程制图规则

GB/T 18229—2000

Rule of AutoCAD engineering drawing

国家质量技术监督局 2000 – 10 – 17 批准   2001 – 15 – 01 实施

1. 范围

本标准规定了用计算机绘制工程图的基本规则。

本标准适用于机械、电气、建筑等领域的工程制图以及相关文件。

2. 引用标准

本标准出版时，所示版本均为有效。所有标准都会被修订，使用本标准的各方应探讨使用下列标准最新版本的可能性。

GB/T 10609.1—1989 技术制图 标题栏（neq ISO 7200：1984）

GB/T 10609.2—1989 技术制图 明细栏（neq ISO 7573：1983）

GB/T 13361—1992 技术制图 通用术语

GB/T 13362.4—1992 机械制图用计算机信息交换 常用长仿宋矢量字体、代（符）号

GB/T 13362.5—1992 机械制图用计算机信息交换 常用长仿宋矢量字体、代（符）号 数据集单线单体字模集及数据集

GB/T 13844—1992 图形信息交换用矢量汉字

GB/T 13845—1992 图形信息交换用矢量汉字 宋体字模集及数据集

GB/T 13846—1992 图形信息交换用矢量汉字 仿宋体字模集及数据集

GB/T 13847—1992 图形信息交换用矢量汉字 楷体字模集及数据集

GB/T 13848—1992 图形信息交换用矢量汉字 黑体字模集及数据集

GB/T 14689—1993 技术制图 图纸幅面和格式（eqv ISO 5457：1980）

GB/T 14690—1993 技术制图 比例（eqv ISO 5455：1979）

GB/T 14691—1993 技术制图 字体（eqv ISO 3098 – 1：1974）

GB/T 14692—1993 技术制图 投影法（eqv ISO/DIS 5456：1993）

GB/T 15751—1995 技术产品文件 计算机辅助设计与制图 词汇（eqv ISO/TR 10623：1992）

GB/T 16675.1—1996 技术制图 图样画法的简化表示法

GB/T 16900—1997 图形符号表示规则 总则（eqv ISO/IEC 11714 – 1：1996）

GB/T 16901.1—1997 图形符号表示规则 产品技术文件用图形符号 第 1 部分：基本规则（eqv ISO/IEC 11714 – 1：1996）

GB/T 16902.1—1997 图形符号表示规则 设备用图形符号 第 1 部分：图形符号的形成（eqv ISO 3461 – 1：1988）

GB/T 16903.1—1997 图形符号表示规则 标志用图形符号 第 1 部分：图形标志的形成

GB/T 16675.2—1996 技术制图 尺寸注法的简化表示法

GB/T 17450—1998 技术制图 图线（idt ISO 128 – 20：1996）

GB/T 17451 ～ 17453—1998 技术制图 图样画法（eqv ISO/DIS 11947 – 1 ～ 4：1995）

3. 术语

本标准采用 GB/T 13361 和 GB/T 15751 中的有关术语。

4. AutoCAD 工程制图的基本设置要求

（1）图纸幅面与格式。用计算机绘制工程图时，其图纸幅面和格式按照 GB/T 14689 的有关

规定进行选择。

　　在 AutoCAD 工程制图中所用到的有装订边或无装订边的图纸幅面形式如附图 C-1。基本尺寸见附表 C-1。

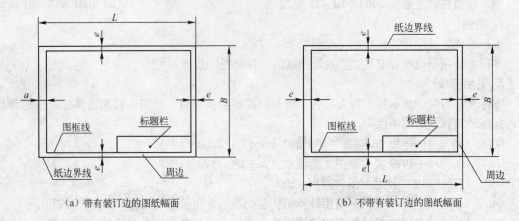

（a）带有装订边的图纸幅面　　　　　　　　　　（b）不带有装订边的图纸幅面

附图　C-1

附表　C-1

幅 面 代 号	A0	A1	A2	A3	A4
$B \times L$	841×1189	594×841	420×594	297×420	210×297
E	20			10	
C	10			5	
A	25				

注：在 AutoCAD 绘图中对图纸有加长加宽要求时，应按基本幅面的短边（B）成整数倍增加。

　　在 AutoCAD 工程图中可根据需要，设置方向符号如附图 C-2 所示、剪切符号如附图 C-3 所示、米制参考分度如附图 C-4 所示和对中符号如附图 C-5 所示。

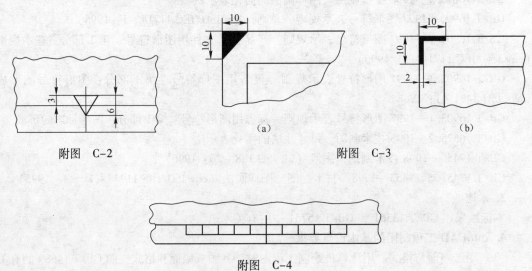

附图　C-2　　　　　　　　　　　　　　　　　　附图　C-3

附图　C-4

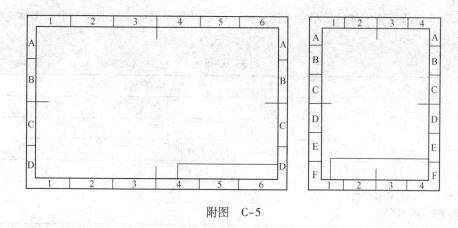

附图 C-5

对图形复杂的 AutoCAD 装配图一般应设置图幅分区,其形式如附图 C-5 所示。

(2)比例。用计算机绘制工程图样时的比例大小应按照 GB/T 14690 的有关规定进行选择。在 AutoCAD 工程图中需要按比例绘制图形时,按附表 C-2 中规定的系列选用适当的比例。

附表 C-2

种　类	比　　例		
原值比例	$1:1$		
放大比例	$5:1$ $5 \times 10^n : 1$	$2:1$ $2 \times 10^n : 1$	$1 \times 10^n : 1$
缩小比例	$1:2$ $1 : 2 \times 10^n$	$1:5$ $1 : 5 \times 10^n$	$1:10$ $1 : 10 \times 10^n$

注:n 为正整数。

必要时,也允许选取附表 C-3 中的比例。

附表 C-3

种　类	比　　例				
放大比例	$4:1$ $4 \times 10^n : 1$	$2.5:1$ $2.5 \times 10^n : 1$			
缩小比例	$1:1.5$ $1 : 1.5 \times 10^n$	$1:2.5$ $1 : 2.5 \times 10^n$	$1:3$ $1 : 3 \times 10^n$	$1:4$ $1 : 4 \times 10^n$	$1:6$ $1 : 6 \times 10^n$

注:n 为正整数

(3)字体。在 AutoCAD 工程图中所用的字体应按 GB/T 13362.4 ～ 13362.5 和 GB/T 14691 的要求进行选择,并应做到字体端正、笔画清楚、排列整齐、间隔均匀。

AutoCAD 工程图的字体与图纸幅面之间的大小关系见附表 C-4。

附表 C-4

图幅　字体	A0	A1	A2	A3	A4
字母数字			3.5		
汉字			5		

AutoCAD 工程图中字体的最小字（词）距、行距以及间隔线或基准线与书写字体之间的最小距离见附表 C-5。

附表　C-5

字　　体	最　小　距　离	
汉字	字距	1.5
	行距	2
	间隔线或基准线与汉字的间距	1
拉丁字母、阿拉伯数字、希腊字母、罗马数字	字符	0.5
	词距	1.5
	行距	1
	间隔线或基准线与字母、数字的间距	1

注：当汉字与字母、数字混合使用时，字体的最小字距、行距等应根据汉字的规定使用

AutoCAD 工程图中的字体选用范围见附表 C-6。

附表　C-6

汉字字型	国家标准号	字体文件名	应用范围
长仿宋体	GB/T 13362.4～13362.5—1992	HZCF. *	图中标注及说明的文字、标题栏、明细栏等大标题、小标题、图册封面、目录清单、标题栏中设计单位名称、图样名称、工程名称、地形图等
单线宋体	GB/T 13844—1992	HZDX. *	
宋体	GB/T 13845—1992	HZST. *	
仿宋体	GB/T 13846—1992	HZFS. *	
楷体	GB/T 13847—1992	HZKT. *	
黑体	GB/T 13848—1992	HZHT. *	

（4）图线。在 AutoCAD 工程图中所用的图线，应遵照 GB/T 17450 中的有关规定。

AutoCAD 工程图中的基本线型见附表 C-7。

附表　C-7

代　　码	基　本　线　型	名　　称
01		实线
02		虚线
03		间隔画线
04		单点长画线
05		双点长画线
06		三点长画线
07		点线
08		长画短画线
09		长画双点画线
10		点画线

续表

代　码	基 本 线 型	名　称
11	—　—　·　—　·　·　—　·　—	单点双画线
12	—　·　·　—　·　·　—　·　·　—	双点画线
13	—　·　·　—　·　·　—　·　·　—	双点双画线
14	—　·　·　·　—　·　·　·　—	三点画线
15	·　·　·　—　·　·　·　—　·　·　·	三点双画线

基本线型的变形见附表 C-8。

附表　**C-8**

基 本 线 型 的 变 形	名　称
 〜〜〜〜〜〜〜〜	规则波浪连续线
 ℓℓℓℓℓℓℓℓℓℓ	规则螺旋连续线
 〜〜〜〜〜〜〜〜	规则锯齿连续线
 〜〜〜〜	波浪线

注：本表仅包括表 7 中 No. 01 基本线型的类型，No. 02～No. 15 可用同样方法的变形表示。

屏幕上的图线一般应按附表 C-9 中提供的颜色显示，相同类型的图线应采用同样的颜色。

附表　**C-9**

图 线 类 型		屏幕上的颜色	图 线 类 型		屏幕上的颜色
粗实线	———————	白色	虚线	- - - - - - - -	黄色
细实线	———————		细点画线	—·—·—·—·—	红色
波浪线	 〜〜〜〜	绿色	粗点画线	—·—·—·—·—	棕色
双折线	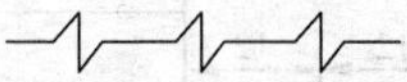 ⌐⌐⌐⌐		双点画线	—··—··—	粉红色

（5）剖面符号。在 AutoCAD 工程图中剖切面的剖面区域的表示见附表 C-10。

附表　**C-10**

剖面区域的式样	名　称	剖面区域的式样	名　称
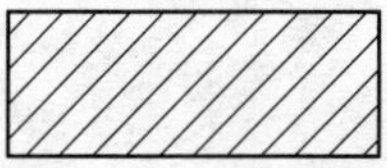	金属材料/普通砖	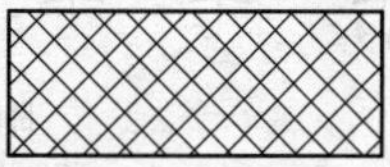	非金属材料 （除普通砖外）
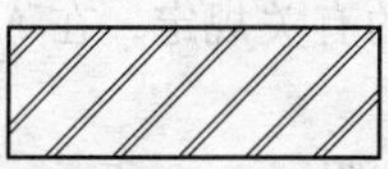	固体材料	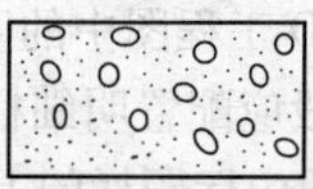	混凝土

续表

剖面区域的式样	名　称	剖面区域的式样	名　称
	液体材料		木质件
	气体材料		透明材料

（6）标题栏。在 AutoCAD 工程图中的标题栏，应遵守 GB/T 10609.1 中的有关规定。

每张 AutoCAD 工程图均应配置标题栏，并应配置在图框的右下角。

标题栏一般由更改区、签字区、其他区、名称及代号区组成，如附图 C-6 所示。在 Auto-CAD 工程图中标题栏的格式如附图 C-7 所示。

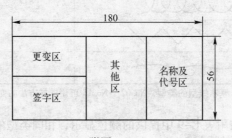

附图　C-6

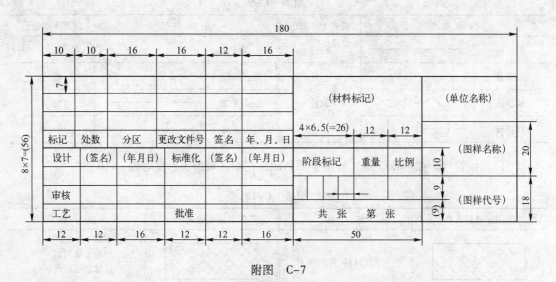

附图　C-7

（7）明细栏。在 AutoCAD 工程图中的明细栏应遵守 GB/T 10609.2 中的有关规定，在 Auto-CAD 工程图中的装配图上一般应配置明细栏。

明细栏一般配置在装配图中标题栏的上方，按由下而上的顺序填写，如附图 C-8 所示。

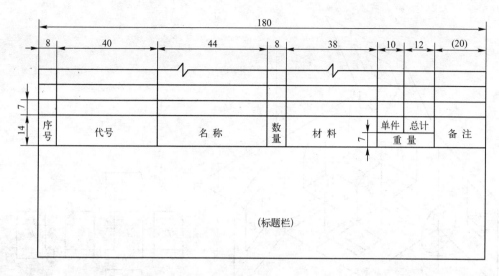

附图 C-8

在装配图中，当不能在标题栏的上方配置明细栏时，可作为装配图的续页按 A4 幅面单独绘出，其顺序应是由上而下延伸。

5. 投影法

（1）正投影的基本方法。在 AutoCAD 工程图中表示一个物体可有六个基本投影方向，相应的六个基本的投影平面分别垂直于六个基本投影方向，通过投影所得到视图及名称见附表 C-11，物体在基本投影面上的投影称为基本视图。

附表 C-11

	投影方向		视图名称
	方向代号	方向	
	a	自前方投影	主视图或正立面图
	b	自上方投影	俯视图或平面图
	c	自左方投影	左视图或左侧立面图
	d	自右方投影	右视图或右侧立面图
	e	自下方投影	仰视图或底面图
	f	自后方投影	后视图或背立面图

将物体置于第一分角内，即物体处于观察者与投影面之间进行投影，然后按规定展开投影面，如附图 C-9 所示，各视图之间的配置关系如附图 C-10 所示，第一角画法的说明符号如附图 C-11 所示。

（2）轴侧投影。轴侧投影是将物体连同其参考直角坐标系，沿不平行于任一坐标面的方向，用平行投影法将其投射在单一投影面上所得的具有立体感的图形。常用的轴侧投影见附表 C-12。

（3）透视投影。透视投影是用中心投影法将物体投射在单一投影面上所得到的具有立体感的图形。根据画面对物体的长、宽、高三组主方向棱线的相对关系（平行、垂直或倾斜），可将透视图分为一点透视、二点透视和三点透视，可根据不同的透视效果分别选用。

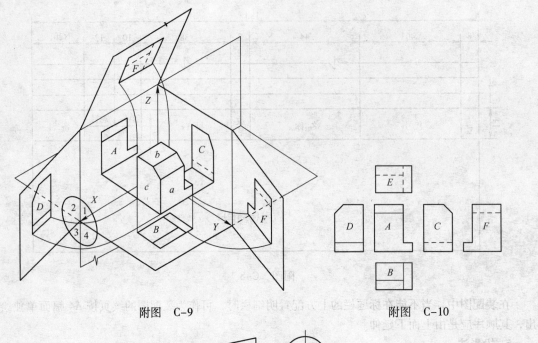

附图　C-9　　　　　　　　　　　　　　　　附图　C-10

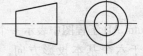

附图　C-11

附表　C-12

特　性	正轴侧投影			斜轴侧投影		
	投影线与轴侧投影面垂直			投影线与轴侧投影面倾斜		
轴侧类型	等侧投影	二侧投影	三侧投影	等侧投影	二侧投影	三侧投影
简称	正等侧	正二侧	正三侧	斜等侧	斜二侧	斜三侧
伸缩系数	$p_1 = q_1 = r_1 = 0.82$	$p_1 = r_1 = 0.94$ $q_1 = \dfrac{p_1}{2} = 0.47$			$p_1 = r_1 = 1$ $q_1 = 0.5$	
简化系数	$p = q = r = 1$	$p = r = 1$ $q = 0.5$			无	
应用举例　轴间角	![120° 120° 120°]	![97° 131° 132°]	视具体要求选用	视具体要求选用	![90° 135° 135°]	视具体情况选用
应用举例　例图						

注：轴向伸缩系数之比值，即$p : q : r$应采用简单的数值以便于作图。

6. 图形符号的绘制

在 AutoCAD 工程图中绘制图形符号时，应按照 GB/T 16900～16903 中规定的设计程序及图形表示的有关要求进行绘制。

7. AutoCAD 工程图的基本画法

在 AutoCAD 工程制图中应遵守 GB/T 17451 和 GB/T 17452 中的有关要求。

（1）AutoCAD 工程图中视图的选择。表示物体信息量最多的那个视图应作为主视图，通常是物体的工作位置或加工位置或安装位置。当需要其他视图时，应按下述基本原则选取：

① 在明确表示物体的前提下，使数量为最小；

② 尽量避免使用虚线表达物体的轮廓及棱线；

③ 避免不必要的细节重复。

（2）视图。在 AutoCAD 工程图中通常有基本视图、向视图、局部视图和斜视图。

（3）剖视图。在 AutoCAD 工程图中，应采用单一剖切面、几个平行的剖切面和几个相关的剖切面剖切物体，得到全剖视图、半剖视图和局部剖视图。

（4）断面图。在 AutoCAD 工程图中，应采用移出断面图和复合断面图的方式进行表达。

（5）图样简化。必要时，在不引起误解的前提下，可以采用图样简化的方式进行表示，见 GB/T 16675.1 的有关规定。

8. AutoCAD 工程图的尺寸标注

在 AutoCAD 工程制图中应遵守相关行业的有关标准或规定进行尺寸标注。

（1）箭头。在 AutoCAD 工程制图中所使用的箭头形式有以下几种供选用，如附图 C-12 所示。

在同一 AutoCAD 工程图中，一般只采用一种箭头形式。当采用箭头位置不够时，允许用圆点或斜线代替箭头，如附图 C-13 所示。

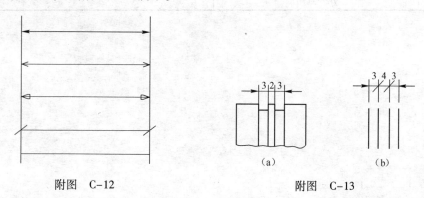

附图 C-12　　　　　　　　附图 C-13

（2）在 AutoCAD 工程图中的尺寸数字、尺寸线和尺寸界线应按照有关标准的要求进行绘制。

（3）简化标注。必要时，在不引起误解的前提下，AutoCAD 工程制图中可以采用简化标注方式进行标注，见 GB/T 16675.2。

9. AutoCAD 工程图的管理

AutoCAD 工程图的图层管理见附表 C-13。

附表 C-13

层 号	描 述	图 例
01	粗实线剖切面的粗剖切线	

层　号	描　述	图　例
02	细实线 细波浪线 细折断线	
03	粗虚线	------------
04	细虚线	------------
05	细点划线 剖切面的剖切线	
06	粗点画线	
07	细双点划线	
08	尺寸线，投影连线，尺寸终端与符号细实线	
09	参考圆，包括引出线和终端（如箭头）	
10	剖面符号	
11	文本，细实线	ABCD
12	尺寸值和公差	432 ± 1
13	文本，粗实线	KLMN
14, 15, 16	用户选用	

附录 D 第三角画法

第三角画法:

将物体置于第三分角内,即投影面处于观察者与物体之间进行投影,然后按规定展开投影面,如附图 D-1 所示;各视图之间的配置关系如附图 D-2 所示;第三角画法的说明符号如附图 D-3 所示。

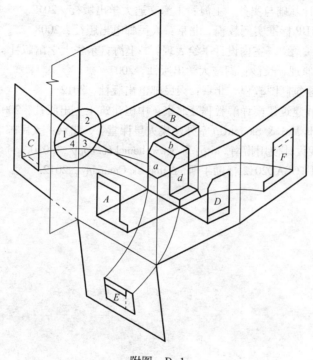

附图 D-1

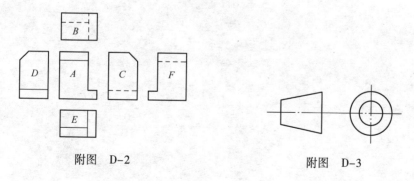

附图 D-2

附图 D-3

参 考 文 献

[1] 梁旻 . 室内设计原理 . 上海：上海人民美术出版社，2012.
[2] 吴剑锋，林海，室内与环境设计实训 . 上海：东方出版中心，2011.
[3] 周美玉 . 人机工程学应用 . 上海：上海交通大学出版社，2012.
[4] 夏万爽 . 室内设计基础与实务 . 上海：上海交通大学出版社，2012.
[5] 罗志华 . SKETCHUP 标准实例教程 . 北京：人民邮电出版社，2008.
[6] 夏克梁 . 徐卓恒编著 . 《室内设计手绘表现》. 上海：东华大学出版社，2009.
[7] 张泰 . 室内设计原理 . 长沙：湖南大学出版社，2007.
[8] 马亮 . SketchUp 建筑制图教程 . 北京：人民邮电出版社，2012.
[9] 童滋雨 . SketchUp 建筑建模详解教程 . 北京：中国建筑工业出版社，2007.
[10] 火星时代 . 《3ds Max & SketchUp 室外建模火星课堂》. 北京：人民邮电出版社 ，2009.
[11] 新居网 . 我家我设计使用指南 . http：//www. homekoo. com/，2010.
[12] 欧特克公司 . AUTOCAD2012 帮助手册 . Autodesk Company，2012.